本書根據廣東省立中山圖書館藏清道光二十五年（1845）
南海伍氏粤雅堂文字歡娱室刻本影印

西樵歷史文化文獻叢書

算迪（一）

（清）何夢瑤 編著

广西师范大学出版社
GUANGXI NORMAL UNIVERSITY PRESS
· 桂林 ·

圖書在版編目（CIP）數據

算迪：全3册 /（清）何夢瑶編著．—桂林：廣西師範大學出版社，2014.12
（西樵歷史文化文獻叢書）
ISBN 978-7-5495-6023-3

Ⅰ．①算… Ⅱ．①何… Ⅲ．①古典數學－中國－清代 Ⅳ．①O112

中國版本圖書館 CIP 數據核字（2014）第 280222 號

廣西師範大學出版社出版發行
（廣西桂林市中華路 22 號　郵政編碼：541001
網址：http://www.bbtpress.com）
出版人：何林夏
全國新華書店經銷
廣西大華印刷有限公司印刷
(廣西南寧市高新區科園大道 62 號　郵政編碼：530007)
開本：890 mm × 1 240 mm　1/32
印張：39.75　　字數：350 千字
2014 年 12 月第 1 版　　2014 年 12 月第 1 次印刷
定價：146.00 元（全三册）

《西樵歷史文化文獻叢書》編輯委員會

叢書總序

温春來　梁耀斌

呈現在讀者面前的，是一套圍繞佛山市南海區西樵鎮編修的叢書。爲一個鎮編一套叢書並不出奇，但爲一個鎮編撰一套多達兩三百種圖書的叢書可能就比較罕見了。編者的想法其實挺簡單，就是要全面整理西樵鎮的歷史文化資源，探索一條發掘地方歷史文化資源的有效途徑。最後編成一套規模巨大的叢書，僅僅因爲非如此不足以呈現西樵鎮深厚而複雜的文化底蘊。叢書編者秉持現代學術理念，並非好大喜功之輩。僅僅爲確定叢書框架與大致書目，編委會就組織七八人，研讀各個版本之西樵方志，通過各種途徑檢索全國各大公藏機構之古籍書目，並多次深入西樵鎮各村開展田野調查，總計歷時六月餘之久。隨着調研的深入，編委會益發感覺到面對着的是一片浩瀚無涯的知識與思想的海洋，於是經過反復討論、磋商，決定根據西樵的實際情況，編修一套有品位、有深度、能在當代樹立典範並能夠傳諸後世的大型叢書。

天下之西樵

明嘉靖初年，浙江著名學者方豪在《西樵書院記》中感慨：『西樵者，天下之西樵，非嶺南之西樵也。』①此話係因當時著名理學家、一代名臣方獻夫而發，有其特定的語境，但卻在無意之間精當地揭示了西樵在整個中華文明與中國歷史進程中的意義。

西樵鎮位於珠江三角洲腹地的佛山市南海區西南部，北距省城廣州40多公里，以境内之西樵山而得名。西樵山由第三紀古火山噴發而成，山峰石色絢爛如錦。相傳廣州人前往東南羅浮山采樵，謂之東樵，往西面錦石山采樵，謂之西樵，『南粤名山數二樵』之説長期流傳，在廣西俗語中也有『桂林家家曉，廣東數二樵』之句。珠江三角洲平野數百里，西樵山拔地而起於西江、北江之間，面積約14平方公里，中央主峰大科峰海拔340餘米。據説過去大科峰上有觀日臺，雞鳴登臨可觀日出，夜間可看到羊城燈火。如今登上大科峰，一覽山下魚塘河涌縱橫，闤闠閭閻錯落相間，西、北兩江左右爲帶。

西樵山幽深秀麗，是廣東著名風景區。然而更值得我們注意的，是以她爲核心的一塊僅有100多平方公里的土地，在中國歷史的長時段中，不斷産生出具有標志性意義的文化財富以及能夠成爲某個時代標籤的歷史人物。珠江三角洲是一個發育於海灣内的複合三角洲，其發育包括圍田平原和沙田平原的先後形成過程。西樵山見證了這一過程，並且在這一片廣闊區域的文明起源與演變的歷史中扮演着重要角色。作爲多次噴發後熄滅的古火山丘，組成西樵山山體的岩石種類多樣，其中有華南地區並不多見的霏細岩與燧石，這兩種岩石因石質堅硬等原因，成爲古人類製作石器的理想材料。大約6000年前，當今天的珠江三角洲還是洲潭遍佈、一片汪洋的時候，這一片地域的史前人類，就不約而同地彙集到優質石料蘊藏豐富的西樵山，尋找製造生産工具的原料，留下了大量打製、磨製的雙肩石器和大批有人工打擊痕跡的石片。在著名考古學家賈蘭坡

① 方豪：《棠陵文集》（收入《四庫全書存目叢書》集部第64册），卷3，《記·西樵書院記》。

先生看來，當時的西樵山是我國南方最大規模的採石場和新石器製造基地，北方只有山西鵝毛口能與之比肩，因此把它們並列爲中國新石器時代南北兩大石器製造場①，並率先提出了考古學意義上的『西樵山文化』②。以霏細岩雙肩石器爲代表的西樵山石器製造品在珠三角的廣泛分佈，意味着該地區『出現了社會分工與產品交換』③，這些凝聚着人類早期智慧的工具，指引了嶺南農業文明時代的到來，所以有學者將西樵山形象地比喻爲『珠江文明的燈塔』④。除珠江三角洲外，以霏細岩爲原料的西樵山雙肩石器，還廣泛發現於粵西、廣西及東南亞半島的新石器至青銅時期遺址，顯示出瀕臨大海的西樵古遺址，不但是新石器時代南中國文明的一個象徵，而且其影響與意義還可以放到東南亞文明的範圍中去理解。

不過，文字所載的西樵歷史並沒有考古文化那麼久遠。儘管在當地人的歷史記憶中，南越王趙佗陪同漢朝使臣陸賈游山、唐末曹松推廣種茶、南漢開國皇帝之兄劉隱宴遊是很重要的事件，但在留存於世的文獻系統中，西樵作爲重要的書寫對象出現要晚至明代中葉，這與珠江三角洲在經濟、文化上的崛起是一脈相承的。當時，著名理學家湛若水、霍韜以及西樵人方獻夫等在西樵山分別建立了書院，長期在此讀書、講學，他們的許多思想產生或闡釋於西樵的山水之間，例如湛若水在西樵設教，門人記其所言，是爲《樵語》。方獻夫在《西樵遺稿》中談到了他與湛、霍二人在西樵切磋學問的情景：『三（書）院鼎峙，予三人常來往，講學其間，藏修十餘年。』⑤王陽明對三人的論學非常期許，希望他們珍惜機會，時時相聚，爲後世儒林留下千古佳

---

① 賈蘭坡、尤玉柱：《山西懷仁鵝毛口石器製造場遺址》，《考古學報》，1973年第2期。

② 賈蘭坡：《廣東地區古人類學及考古學研究的未來希望》，《理論與實踐》，1960年第3期。

③ 楊式挺：《試論西樵山文化》，《考古學報》，1985年第1期。

④ 曾騏：《珠江文明的燈塔——南海西樵山考古遺址》，中山大學出版社，1995年，第30—42頁。

⑤ 方獻夫：《西樵遺稿》，康熙三十五年（1696）方林鶴重刊本，卷6，《石泉書院記》。

話，他致信湛若水時稱：『叔賢（即方獻夫）志節遠出流俗，渭先（即霍韜）雖未久處，一見知爲忠信之士，乃聞不時一相見，何耶？英賢之生，何幸同時共地，又可虛度光陰，容易失卻此大機會，是使後人而復惜後人也！』① 西樵山與作爲明代思想與學術主流的理學之關係，意味着她已成爲一座具有全國性意義的人文名山，這正是方豪『天下之西樵』的涵義。清人劉子秀亦云：『當湛子講席，五方問業雲集，山中大科之名，幾與嶽麓、白鹿鼎峙，故西樵遂稱道學之山。』② 方豪同時還稱：『西樵者，非天下之西樵，天下後世之西樵也。』一語道出了人文西樵所具有的長久生命力。這一點方豪也没有説錯，除上述幾位理學家外，從明中葉迄今，還有衆多知名學者與文章大家，諸如陳白沙、李孔修、龐嵩、何維柏、戚繼光、郭棐、葉春及、李待問、屈大均、袁枚、李調元、温汝適、朱次琦、康有爲、丘逢甲、郭沫若、董必武、秦牧、賀敬之、趙樸初等等，留下了吟詠西樵山的詩、文，今天我們走進西樵山，還可發現 140 多處摩崖石刻，主要分佈在翠岩、九龍岩、金鼠塱、白雲洞等處。與西樵成爲嶺南人文的景觀象徵相應的是山志編修。嘉靖年間，湛若水弟子周學心編纂了最早的《西樵山志》，萬曆年間，霍韜從孫霍尚守以周氏《樵志》『誇誕失實』之故而再修《西樵山志》，清初羅國器又加以重修，這三部方志已佚失，我們今天能看到的是乾隆初年西樵人士馬符録留下的志書。除山志外，直接以西樵山爲主題的書籍尚有成書於清乾隆年間的《西樵遊覽記》、道光年間的《西樵白雲洞志》、光緒年間的《紀遊西樵山記》等。

晚清以降，西樵山及其周邊地區（主要是今天西樵鎮範圍）產生了一批在思想、藝術、實業、學術、武術

① 王陽明：《王文成全書》，四庫本，卷4，《文録・書一・答甘泉二》。
② 劉子秀：《西樵遊覽記》，道光十三年（1833）補刊本，卷2，《圖説》。

等方面走在中國最前沿的人物，成爲中國走向近代的一個縮影。維新變法領袖康有爲、一代武術宗師黃飛鴻、民族工業先驅陳啓沅、『中國近代工程之父』詹天佑、清末出洋考察五大臣之一的戴鴻慈、『嶺南第一才女』冼玉清、粵劇大師任劍輝等西樵鄉賢，都成爲具有標志性或象徵性的歷史人物。

事實上，明代諸理學家講學時期的西樵山，已非與世隔絶的修身之地，而是與整個珠江三角洲的開發聯繫在一起的。西樵鎮地處西、北江航道流經地域，是典型的嶺南水鄉，境内河網交錯，河涌多達 19 條，總長度 120 多公里，將鎮内各村聯成一片，並可外達佛山、廣州等地。① 傳統時期，西樵的許多墟市，正是在這些水邊興起的。今鎮政府所在地官山，在正德、嘉靖年間已發展成爲觀（官）山市，是爲西樵有據可查的第一個墟市。據統計，明清時期，全境共有墟市 78 個。② 西樵山上的石材、茶葉可通過水路和墟市，滿足遠近各方的需求。一直到晚清之前，茶業在西樵都堪稱舉足輕重，清人稱『樵茶甲南海，山民以茶爲業，鬻茶而舉火者萬家』③。當年山上主要的採石地點、後由於地下水浸漫而放棄的石燕岩洞，因生産遺跡完整且水陸結合而受到考古學界重視，成爲繼原始石器製造場之後的又一重大考古遺址。

水網縱横的環境使得珠江三角洲堤圍遍佈，西樵山剛好地處横跨南海、順德兩地的著名大型堤圍——桑園圍中，而且是桑園圍形成的地理基礎之一。歷史時期，西、北江的沙泥沿着西樵山和龍江山、錦屏山等海灣中島嶼或丘陵臺地旁邊逐漸沉積下來。宋代珠江三角洲沖積加快，人們開始零零星星地修築一些『秋欄基』

① 《南海市西樵山旅遊度假區志》，廣東人民出版社，2009 年，第 188—192 頁。
② 《南海市西樵山旅遊度假區志》，第 393 頁。
③ 劉子秀：《西樵遊覽記》，卷 10，《名賢》。

以阻擋潮水對田地的浸泛，這就是桑園圍修築的起因。① 明清時期在桑園圍内發展起了著名的果基、桑基魚塘，使這裡成爲珠江三角洲最爲繁庶之地。不難想象僅僅在幾十年前，西樵山還是被簇擁在一望無涯的桑林魚塘間的景象。如今桑林雖已大都變爲菜地、道路和樓房，但從西樵山山南路下山，走到半山腰放眼望去，尚可看見數萬畝連片的魚塘，這片魚塘現已被評爲聯合國教科文組織保護單位，是珠三角地區面積最大、保護最好、最爲完整的（桑基）魚塘之一。

桑基魚塘在明清時期達於鼎盛，成爲珠三角經濟崛起的一個重要標志，與此相伴生的，是另一個重要産業——繅絲與紡織的興盛。聯繫到這段歷史，由西樵人陳啟沅在自己的家鄉來建立中國第一家近代機器繅絲廠就在情理之中了。開廠之初，陳啟沅招聘的工人，大都來自今西樵鎮的簡村與吉水村一帶，而陳啟沅本人，也深深介入到了西樵的地方事務之中。② 從這個層面上看，把西樵視爲近代民族工業的起源地或許並非溢美之辭。但傳統繅絲的從業者數量仍然龐大，據光緒年間南海知縣徐賡陛的描述，當時西樵一帶以紡織爲業的機工有三四萬人。③ 作爲産生了黄飛鴻這樣深具符號性意義的南拳名家的西樵，武術風氣濃厚，機工們大都習武，並且圍繞錦綸堂組織起來，形成了令官府感到威脅的力量。民國初年，西樵民樂村的程姓村民，對原來只能織單一平紋紗的織機進行改革，運用起綜的小提花和人力扯花方法，發明了馬鞍絲織提花絞綜，首創具有扭眼通花團的新品種——香雲紗，開創莨紗綢類絲織先河。香雲紗輕薄柔軟而富有身骨，深受廣州、上海、南京等地富人喜歡，在歐洲也被視爲珍品。上世紀二三十年代是香雲紗發展的黄金時期，如民樂林村

① 曾少卓：《桑園圍自然背景的變化》，中國水利學會等編《桑園圍暨珠江三角洲水利史討論會論文集》，廣東科技出版社，1992 年，第 51 頁。

② 陳天傑、陳秋桐：《廣東第一間蒸汽繅絲廠繼昌隆及其創辦人陳啟沅》，載《中華文史資料文庫》第 12 卷《經濟工商編》，中國文史出版社，1996 年，第 784—787 頁。

③ 徐賡陛：《辦理學堂鄉情形第二稟》載《皇朝經世文續編》，近代中國史料叢刊本，卷 83，《兵政・剿匪下》。

程家一族600人，除1人務農之外，均以織紗爲業。① 隨着化纖織物的興起，香雲紗因工藝繁複、生產週期長等原因失去了競爭力，但作爲重要的非物質文化遺產受到保護。西樵不僅在中國近代紡織史上地位顯赫，而且其影響一直延續至今。1998年，中國第一家紡織工程技術研發中心在西樵建成。2002年12月，中國紡織工業協會授予西樵『中國面料名鎮』稱號。② 2004年，西樵成爲全國首個紡織產業升級示範區，國家級紡織檢測研發機構相繼進駐，紡織產業創新平臺不斷完善。③ 據不完全統計，西樵整個紡織行業每年開發的新產品有上萬個。④

除上文提及的武術、香雲紗工藝外，更多的西樵非物質文化遺產是各種信仰與儀式。西樵信仰日衆多，其中較著名者有觀音開庫、觀音誕、大仙誕、北帝誕、師傅誕、婆娘誕、土地誕、龍母誕等。據統計，全鎮共擁有105處民間信仰場所，其中除去建築時間不詳者，可以明確斷代的，建於宋代的有3所，即百西村六祖廟、西邊三帝廟、牌樓周爺廟；建於元明間的有1所，即河溪北帝廟；建於明代的有2所，分別是百西村北帝祖廟和百西村洪聖廟；建於清代的廟宇有28所；其餘要麼是建於民國，要麼是改革開放後重建，真正的新建信仰場所寥寥無幾。⑤ 除神廟外，西樵的每個自然村落中都分佈着數量不等的祠堂，相較於西樵山上的那些理

---

① 《南海市西樵山旅遊度假區志》，第323頁。

② 《南海市西樵山旅遊度假區志》，第303—304頁。

③ 《西樵紡織行業加快自主創新能力》，見中國紡織工業協會主辦、中國紡織信息中心承辦之『中國紡織工業信息網』，http://news.ctei.gov.cn/zxzx—lmxx/12495.htm。

④ 《開發創新走向國際　西樵紡織企業年開發新品上萬個》，見中國紡織工業協會主辦、中國紡織信息中心承辦之『中國紡織工業信息網』，http://news.ctei.gov.cn/zxzx—lmxx/12496.htm。

⑤ 梁耀斌：《廣東省佛山市西樵鎮民間信仰的現狀與管理研究》，中山大學2011年碩士學位論文。

學聖地，神靈與祖先無疑更貼近普通百姓的生活。西樵的一些神靈信仰日，如觀音誕、大仙誕，影響遠及珠江三角洲許多地區乃至香港，每年都吸引數十萬人前來朝聖。

傳統文化的基礎工程

上文對西樵的一些初步勾勒，揭示了嶺南歷史與文化的幾個重要面相。進而言之，從整個中華文明與中國歷史進程的角度去看，西樵在不同時期所産生的文化財富與歷史人物，或者具有全國性意義，或者可以放在中華文明統一性與多元化的辯證中去理解，正所謂『西樵者，天下之西樵，非嶺南之西樵也』。不吝人力與物力，將博大精深的西樵文化遺産全面發掘、整理並呈現出來，是當代西樵各界人士以及有志於推動嶺南地方文化建設的學者們的共同責任。這決定了《西樵歷史文化文獻叢書》不是一個簡單的跟風行爲，也不是一個隨便的權宜之計。叢書是展現給世界看的，也是展現給未來看的，我們力圖把這片浩瀚無涯的知識寶庫呈現於世人之前，我們更希望，過了很多年之後，西樵的子孫們，仍然能夠爲這套叢書而感到驕傲，所有對嶺南歷史與文化感興趣的人們，能夠感激這套叢書爲他們做了非常重要的資料積累。根據這一指導思想，經過反復討論，編委會確定了叢書的基本内容與收録原則，其詳可參見叢書之『編撰凡例』，在此僅作如下補充説明。

叢書尚在方案論證階段，許多知情者就已半開玩笑半認真地名之爲『西樵版四庫全書』，這個有趣的概括非常切合我們對叢書品位的追求，且頗具宣傳效應，是對我們的一種理解和鼓舞。但較之四庫全書編修的時代，當代人對文化與學術的理解顯然更具多元性與平民情懷，那個時代有資格列入『四庫』的，主要是知識精英們創造的文字資料，我們固然會以窮搜極討的態度，不遺餘力地搜集這類資料，但我們同樣重視尋常百姓書寫的文獻，諸如家譜、契約、書信等等，它們現在大都散存於民間，保存狀況非常糟糕，如果不及時搜集，就會逐漸毀損消亡。

能夠體現叢書編者的現代意識的，還有邀請相關領域的專業人士以遵循學術規範爲前提，通過深入田野調查撰寫的描述物質文化遺產、非物質文化遺産的作品。這兩部分内容加上各種歷史文獻，構成了完整的地方傳統文化資源。目前不管是學術界還是地方政府，均尚未有意識地根據這三大類别，對某個地域的傳統文化展開全面系統的發掘、整理與出版工作。在這個意義上，《西樵歷史文化文獻叢書》無疑具有較大開拓性、前瞻性與示範性。叢書編者進而提出了『傳統文化的基礎工程』這一概念，意即拋棄任何功利性的想法，扎扎實實地將地方傳統文化全面發掘並呈現出來，形成能夠促進學術積累並能夠傳諸後世的資料寶庫，在真正體現出一個地方的文化深度與品位的同時，爲相關的文化産業開發提供堅實基礎。希望《西樵歷史文化文獻叢書》的推出，在這個方面能産生積極影響。

高校與地方政府合作的成果

西樵人文底蘊深厚，這是叢書能夠編撰的基礎；西樵鎮地處繁華的珠江三角洲，則使得叢書編撰有了充足的物質保障。然而，這樣浩大的文化工程能夠實施，光憑天時、地利是不夠的，一群志同道合的有心者所表現出來的『人和』也是非常關鍵的因素。

2009年底，西樵鎮黨委和政府就有了整理、出版西樵文獻的想法，次年1月，鎮黨委書記邀請了中山大學歷史學系幾位教授專程到西樵討論此事。通過幾天的考察與交流，幾位鎮領導與中大學者一致認定，以現代學術理念爲指導，爲了全面呈現西樵文化，必須將文獻作者的範圍從精英層面擴展到普通百姓，並且應將物質文化遺産與非物質文化遺産的内容也包括進來，形成一套《西樵歷史文化文獻叢書》。爲了慎重起見，決定由中大歷史學系幾位教授組織力量進行先期調研，確定叢書編撰的可行性與規模。經過6個多月的努力，調研組將成果提交給西樵鎮黨委，由相關領導與學者坐下來反復討論、修改、再討論……，並廣泛徵求西樵地方文化人士的意見，與他們進行座談。歷時兩個多月，逐漸擬定了叢書的編撰凡例與大致書目，並彙報給南海區委、區政府與中山大學校方，得到了高度重視與支持。2010年9月底，簽定了合作協議，組成了《西樵歷史文化文獻叢書》編輯委員會，決定由西樵鎮政府出資並負責協調與聯絡，由中山大學相關學者牽頭，組織研究力量具體實施叢書的編撰工作。

值得一提的是，《西樵歷史文化文獻叢書》是近年來中山大學與南海區政府廣泛合作的重要成果之一，並爲雙方更深入地進行文化領域的合作打下了堅實基礎。2011年6月，中山大學與南海區政府決定在西樵山共建『中山大學嶺南文化研究院』，康有爲當年讀書的三湖書院，經重修後將作爲研究院的辦公場所與教學、研究基地。嶺南文化研究院秉持高水準、國際化、開放式的發展定位，將集科學研究、教學、學術交流、服務地方爲一體，力爭建設成爲在國際上有較大影響的嶺南文化研究中心、資料信息中心、學術交流中心、人才培養基地。研究院的成立，是對西樵作爲嶺南文化精粹所在及其在中華文明史中的地位的肯定，編撰《西樵歷史文化文獻叢書》也順理成章地成爲研究院目前最重要的工作之一。

在已超越温飽階段，人民普遍有更高層次追求，同時市場意識又已深入人心的中國當代社會，傳統文化迎來了新一輪的復興態勢。這對地方政府與學術界都是新的機遇，同時也產生了值得思考的問題：如何在直接的經濟利益與謹嚴求真的文化研究之間尋求平衡？我們是追求短期的物質收穫還是長期的區域形象？當各地都在弘揚自己的文化之際，如何將本地的文化建設得具有更大的氣魄和胸襟？《西樵歷史文化文獻叢書》或許可以視爲對這些見仁見智問題的一種回答。

叢書編撰凡例

一、本叢書的『西樵』指的是以今廣東省佛山市南海區西樵鎮爲核心、以文獻形成時的西樵地域概念爲範圍的區域，如今日之丹灶、九江、吉利、龍津、沙頭等地，均根據歷史情況具體處理。

二、本叢書旨在全面發掘並弘揚西樵歷史文化，其基本内容分爲三大類別：（1）歷史文獻（如志乘、家乘、鄉賢寓賢之論著、金石、檔案、民間文書以及紀念鄉賢寓賢之著述等）；（2）非物質文化遺産（如口述史、傳説、民謡與民諺、民俗與民間信仰、生産技藝等）；（3）自然與物質文化遺産（如地貌、景觀、遺址、建築等）。擴展内容分爲兩大類别：（1）有關西樵文化的研究論著；（2）有關西樵的通俗讀物。出版時，分别以《西樵歷史文化文獻叢書·歷史文獻系列》、《西樵歷史文化文獻叢書·非物質文化遺産系列》、《西樵歷史文化文獻叢書·自然與物質文化遺産系列》、《西樵歷史文化文獻叢書·研究論著系列》、《西樵歷史文化文獻叢書·通俗讀物系列》命名。

三、本叢書收録之歷史文獻，其作者應已有蓋棺定論（即於2010年1月1日之前謝世）；如作者爲鄉賢，則其出生地應屬於當時的西樵區域；如作者爲寓賢，則作者曾生活於當時的西樵區域内。

四、鄉賢著述，不論其内容是否直接涉及西樵，但凡該著作具有文化文獻價值，可代表西樵人之文化成就，即收録之；寓賢著述，但凡作者因在西樵活動而有相當知名度且在中國文化史上有一席之地，則其著述内容無論是否與西樵有關，亦收録之；非鄉賢及寓賢之著述，凡較多涉及當時的西樵區域之歷史、文化、景觀者，亦予收録。

五、本叢書所收録紀念鄉賢之論著，遵行本凡例第三條所定之蓋棺定論原則及第一條所定之地域限定，且叢書編者只搜集留存於世的相關紀念文字，不爲鄉賢新撰回憶與懷念文章。

六、本叢書收録之志乘，除此次編修叢書時新編之外，均編修於1949年之前。

七、本叢書收録之家乘，均編修於1949年之前，如係新中國成立後的新修譜，可視情況選擇譜序予以結集出版。地域上，以2010年1月1日之西樵行政區域爲重點，如歷史上屬於西樵地區的百姓願將族譜收入本叢書，亦從其願。

八、本叢書收録之金石、檔案和民間文書，均産生於1949年之前，且其存在地點或作者屬於當時之西樵區域。

九、本叢書整理收録之西樵非物質文化遺産，地域上以2010年1月1日之西樵行政區域爲準，内容包括傳説、民謡、民諺、民俗、信仰、儀式、生産技藝及各行業各戰綫代表人物的口述史等，由專業人員在系統、深入的田野工作基礎上，遵循相關學術規範撰述而成。

十、本叢書整理收録之西樵自然與物質文化遺産，地域上以2010年1月1日之西樵行政區域爲準，由專業人員在深入考察的基礎上，遵循相關學術規範撰述而成。

十一、本叢書之研究论著系列，主要收録研究西樵的專著與單篇論文，以及國内外知名大學的相關博士、碩士論文，由叢書編輯委員會邀請相關專家及高校合作收集整理或撰寫而成。

十二、本叢書組織相關人士，就西樵文化撰寫切合實際且具有較強可讀性和宣傳力度的作品，形成本叢書之通俗讀物系列。

十三、本叢書視文獻性質採取不同編輯方法。原文獻係綫裝古籍或契約者，影印出版，並視情況添加評介、題注、附録等；如係碑刻，採用拓片或照片加文字等方式，並添加説明；如爲民國及之後印行的文獻，或影印出版，或重新録入排版，並視情況補充相關資料；新編書籍採用簡體横排方式。

十四、本叢書撰有《西樵歷史文化文獻叢書書目提要》一冊。

總目

評介

荀鐵軍

《算迪》是近代較早的中文數學著作，現存《嶺南遺書》本，凡八卷，何夢瑶纂，清道光二十五年（1845）刻本。半頁十一行二十二字，左右雙邊，上下單邊，白口，單魚尾，書口下刊『粤雅堂校刊』。封面篆書『算迪八卷』，除書名外，有小篆『道光廿五年冬十一月南海伍氏開雕』字樣。書前有江藩《算迪叙》及何夢瑶《自序》，書後有伍崇曜《算迪跋》。《算迪》卷一包括『加法、減法、因乘、歸除、命分、約分、通分、乘除並用、四率比例、按分遞折比例、按數加減比例、和數比例、較數比例、和較比例、盈朒』。卷二包括『借衰互徵、疊借互徵、方程、平方、帶縱平方、勾股、三角形』。卷三包括『割圓、割圓作八綫表法、三角形邊綫角度相求、測量、直綫面、曲綫面、圓内容各等邊形、圓外切各等邊形、各等邊形、更面形、立方、帶縱較數立方、帶縱和數立方、開三乘方』。卷四包括『直綫體、曲綫體、各等面體、球内容各等面體、球外切各等面體、各等面體互容、更體形、各體權度比例、堆垛』。卷五包括『難題、幾何原本摘要』。卷六、卷七是『借根方法』；卷八是『比例尺解』。

一、作者介紹

何夢瑶（1693—1764），字贊調，一字報之，號西池，晚年自號硯農。清廣東南海縣雲津堡大沙村（今廣東省佛山市南海區西樵鎮崇北村下坊自然村）人。早年啓蒙於宗族私塾，十三歲求學於佛山心性書院。成人後以教書、行醫爲業。二十九歲入惠士奇門下學習六載，成爲『惠門八子』之一。三十八歲成進士，遂宦游廣西、遼陽近二十年，歷任知縣、知州，恪盡職守，仕途平淡，但精於醫學，懸壺濟世。五十八歲辭官回鄉，歷任廣州越秀書院、肇慶端溪書院、廣州越華書院山長。他一生交友廣泛，弟子衆多，著述涵蓋醫學、詩詞、算學、易學、音律等多領域，是清代廣東學術史上較有影響力的人物。

二、纂輯背景

早在明代萬曆年間，利瑪竇就開啓了西方算學傳入中國的工作。但是，至少到康熙二十三年（1684），清代的數學著作還充滿錯謬。據梅文鼎在其《弧三角舉要自序》中説：『三角之用，其妙於弧度；求弧度之法，亦莫良於三角。故《測量全義》第七、第八、第九卷專明此理，而舉例不全，且多錯謬；其散見諸曆指者，僅存用數，無從得其端倪。《天學會通》圈綫三角法，作圖草率，往往不與法相應，缺誤處竟若殘碑斷碣，弧三角遂成秘密藏矣。』① 經過法國傳教士的積極傳授，加之康熙對西學的濃厚興趣，康熙六十一年（1722）六月《數理精蘊》、《曆象考成》成書。② 雍正元年冬《律曆淵源》一百卷刻成，分三部：《曆象考成》、《律呂正義》和《數理精蘊》。③ 同年，魏荔彤刻《兼濟堂纂刻梅勿庵先生曆算全書》。清初以風氣所趨，國内學者，亦有精治西算者。其最著者爲黄宗羲（1610—1695）、王錫闡（1628—1682）、梅文鼎（1633—1721）諸人。阮元（1764—1849）《疇人傳》卷五曰：『自（梅）征君以來，通數學者，後先輩出，而師師相傳，要皆本於梅氏。錢少詹（大昕）目爲國朝算學第一，夫何愧焉。』④ 足見其推崇之至。

三、《算迪》的成書時間

關於《算迪》的成書時間，嚴敦傑估計在1730年，即作者成進士的當年。對於嚴敦傑的説法，肖運鴻提出商榷。肖的理由是：《數理精蘊》於雍正元年（1723）出版後，直至雍正十年（1732）才奏准各省翻刻，但數量仍然不多。乾隆元年（1736）梅遷成又請許民間翻刻，因此，1732年之前何氏未必能見到《數理精蘊》，而1736年之後則容易獲得。據《算迪自序》言此書難購，該書很可能纂於1732年至

① （清）梅文鼎：《勿庵曆算書目》，北京：中華書局，1985年，第34頁。
② 《東華續録》『乾隆一四』條。
③ 《雍正朝東華録》卷一『雍正元年』條，臺北：文海出版社，2006年，第39a頁。
④ （清）阮元：《疇人傳》卷五《梅文鼎中》，載周駿富輯《清代傳記叢刊·學林類51·清代疇人傳》，臺北：明文書局，1986年影印版，第79頁。

1736年之間，甚至再稍晚一些。據前面的分析，嚴敦傑和肖運鴻的説法似各自有一定道理，但均不全面。因爲何夢瑶在《算迪自序》中説得很清楚：『算學至國朝御製《數理精藴》一書至矣，極矣。……顧卷帙浩繁，難於購與讀。謹撮録要領，並舊纂《算迪》一册，合爲十二卷，以授學者，使便講習。擬名「精藴輯略」，以參雜成書，非盡《精藴》原文，不敢沿襲其名，以蹈不敬之愆，故仍名「算迪」，又恐見罪冒竊，爰叙簡首，以明鄙意焉。』① 也就是説，何夢瑶有先後兩本《算迪》。現在所見的《算迪》，是何夢瑶將《數理精藴》的摘要内容，『並舊纂《算迪》一册，合爲十二卷』，本想擬名『精藴輯略』，但是怕不敬，故仍名『算迪』（可以稱之爲『新纂算迪』）。

那麽嚴敦傑估計的『舊纂』《算迪》的纂寫時間是否可能在1730年呢？據李儼的《梅文鼎年譜》：『康熙十七年戊午（1678）四十六歲。是年九月梅文鼎自序所著《籌算》二卷。……康熙十九年庚申（1680）四十八歲。是年蔡璿爲梅文鼎所著《中西算學通》作序。……康熙二十年辛酉（1681）四十九歲。梅文鼎著《方程論》，曾和杜知耕、孔興泰、袁士龍共相質正，因重加繕録，以爲定本。……康熙二十三年甲子（1684）五十二歲。是年冬在南京。《送袁士旦（啓旭）歸蕪湖序》稱：「餘癖嗜曆學，刻有《中西算學通》，詩文家讦而畏之，不以寓目，顧袁子獨好焉。」』② 所以，梅文鼎的《中西算學通》

① （清）何夢瑶：《算迪自序》，載《算迪》，北京：中華書局，1985年。
② 李儼：《梅文鼎年譜》，《李儼錢寶琮科學史全集》卷七，瀋陽：遼寧教育出版社，1998年，第524—527頁。

至少在康熙二十三年（1684）就已經刊刻成書了。據錢林《文獻徵存録》卷三：『（梅文鼎）其孫瑴成複編爲《梅氏叢書輯要》總二十五部六十五卷。又有《中西算學通》其凡有九：曰籌算，曰筆算，曰度算，曰比例，曰幾何摘要，曰三角，曰方程論，曰勾股測量，曰九數存古。其書别行，疇人子弟甚重之。』①《中西算學通》的這些内容都包含在何夢瑶的《算迪》内。康熙六十年（1721）何夢瑶入惠士奇門下。此後六年跟從惠士奇學習，曾經在九曜官署與同學辛昌五『極論西曆、平弧、三角、八綫等法。』②因此在1721年前後，何夢瑶就已經接觸到梅文鼎的《中西算學通》，所以，在1721年之後的幾年時間裏，以梅書爲藍本纂寫『舊纂』《算迪》是完全可能的。只是能否具體到1730年，由於没有其他史料佐證，筆者不敢完全肯定。

肖運鴻提出《數理精蘊》在1736年之後則容易獲得，所以估計《算迪》『很可能纂於1732年至1736年之間，甚至再稍晚一些』。由於他没有掌握更多史料，這只是一個大概的估計。據《匊芳園集自序》云：『今引疾歸里，掌教端溪，因複重事編孱，而精力衰耗，不能盡録，但視舊稿所無者鈔撮梗概，又得八卷，合爲一書以授學徒。』③可知何夢瑶後來『新纂』的《算迪》是在掌教端溪之後，即至少是在乾隆十八年（1753）春之後的事情。

①（清）錢林：《文獻徵存録》卷三，第133頁上。
②（清）辛昌五：《辛序》，載何夢瑶《醫碥》，第52頁。
③道光《廣東通志》卷一九四《藝文略六》，第3234頁。

據江藩《算迪敘》：『數學與推步之術，我朝咸推宣城梅氏，然所著之書叢脞淩雜，始末不能明備。聖祖仁皇帝欽定《數理精蘊》及欽定《曆象考成》，窮方圓之微眇，薈中西之異同，伊古以來未有此鴻寶巨典也。……何君之書由梅氏之書而通之，典學、筆算、籌算、表算、方程、勾股開方、帶縱幾何、借根方諸法，皆述梅氏之學。至於割圓之八綫、六宗、三要、二簡及難題諸術，本之梅氏而又闡《精蘊》、《考成》之旨矣。』① 即《算迪》以梅文鼎之書爲主要内容，然後又參考摘録了《數理精蘊》等書的部分内容。從現存的《算迪》内容上也可以看出江藩的説法（『本之梅氏而又闡《精蘊》、《考成》之旨』）是成立的。

四、纂輯與刊刻

據道光《廣東通志》卷一九四《藝文略六》：『《演算法迪》十二卷。國朝何夢瑶撰存。』書名卷數與現存本不同。又引《匊芳園集自序》云：『新安程賓渠《算法統宗》，服官者人挾一册。其書但舉算例，絶無詮釋，讀者如曆皆衢，且繁蕪謬誤，殊不足觀。瑶牧遼陽時，曾取而删訂之，與舊輯宣城梅定九及吾鄉朱吟石三角、方程　籌算諸法，共四卷，偏示僚友。今引疾歸里，掌教端溪，因複重事編孱，而精力衰耗，不能盡録，但視舊稿所無者鈔撮梗概，又得八卷，合爲一書以授學徒。講習不惟遊藝，學

① （清）江藩：《算迪敘》，載何夢瑶《算迪》，北京：中華書局，1985年。

文當前受益，亦欲使他日服官有所資云。』① 比阮元晚三年（即嘉慶二十五年）入粵的江藩，爲作《算迪叙》，其書名已與《阮通志》之《演算法迪》不同，其《叙》指出：『何君之書由梅氏之書而通之，典學、筆算、籌算、表算、方程、勾股開方、帶縱幾何、借根方諸法，皆述梅氏之學。至於割圓之八綫、六宗、三要、二簡及難題諸術，本之梅氏而又闡《精藴》、《考成》之旨矣。』②

江藩在《算迪叙》中還説，《算迪》一書，『道光元年六月，曾文學勉士於友人處得之，吴孝廉石華將付剞劂。』③ 但是，據道光二十六年（1821）《嶺南遺書》伍崇曜《算迪跋》，此書只有鈔本，吴石華當年並未雕版，《跋》曰：『是書爲曾勉士廣文影鈔藏本，廿年前，與吴石華廣文欲醵金付梓，囑江鄭堂上舍序焉，而終不果。』④ 可見江藩序已寫好，而書因故没有印出來。《嶺南遺書》所刊印的正是當年江藩作序的曾藏鈔本。所以，《嶺南遺書》本首載江藩《叙》，次載何氏《自序》，内容却與《阮通志》所載《自序》詳略稍異。書名則與江藩序本同，名《算迪》，而非《阮通志》著録之《演算法迪》。《阮通志》注明十二卷，江藩序本不明卷數，而《嶺南遺書》刊出實際只有八卷。據伍崇曜《算迪跋》：『先生曾删訂《算法統宗》，及輯梅定九、朱吟石兩家之書，共爲四卷。繼複鈔撮《數理精藴》，得八卷，合爲一書，

① 道光《廣東通志》卷一九四《藝文略六》，第 3234 頁上—3234 頁下。
② （清）江藩：《算迪叙》，載何夢瑶《算迪》。
③ （清）江藩：《算迪叙》，載何夢瑶《算迪》。
④ （清）伍崇曜：《算迪跋》，載何夢瑶《算迪》。

共得十二卷。今是書只八卷，是此八卷爲續纂之本無疑。而《序》稱合爲十二卷，是複有舊纂四卷，方足原書卷數，殆未完之帙也。』① 由是可知，現存八卷是遼陽返里續纂之書。

五、《算迪》的價值

《算迪》不乏有價值的閃光點，如傅大爲認爲受《精蘊》影響的中算書中，何夢瑤的《算迪》是討論堆垛問題最優秀的；比《精蘊》更進一步，《算迪》直接引用《九章》商功的各種術語來注解《精蘊》舊法；更有甚者，它用仔細的商功體積思路來解釋《精蘊》中言及三四角堆垛不清楚之處；而屈曾發的《九數通考》中關於堆垛問題的探討，亦不及《算迪》甚多。② 又如，《算迪》提出了利用浮標測量流速的方法，並提出了計算流速的公式。其測流速之『法以木板一塊，置於水面，用驗時儀墜子候之，看六十秒內，木板流遠幾丈。』③ 此外，《算迪》中還有反映當時社會經濟的內容，如有關雇工工錢計算和將利潤轉爲資本計算的舉例。④ 到清代道光年間，何夢瑤的南海同鄉鄒伯奇（1819—1869）在其《訂正何報之算迪》一文中，還詳細討論了『（何夢瑤）疑球體非長圓體三分之二』的問題。⑤

① （清）伍崇曜：《算迪跋》，載何夢瑤《算迪》。
② 傅大爲：《異時空裏的知識追逐：科學史與科學哲學論文集》，臺北：東大圖書公司，1992年，第104頁。
③ 中國科學院自然科學史研究所地學史組主編：《中國古代地理學史》，北京：科學出版社，1984年，第152頁。
④ 李文治等：《明清時代的農業資本主義萌芽問題》，北京：中國社會科學出版社，1983年，第330頁。
⑤ （清）鄒伯奇：《鄒徵君遺書》，載《中國科學技術典籍通匯 物理卷》第一分册，鄭州：河南教育出版社，1995年，第1017—1018頁。

雖然何夢瑶的《算迪》是鈔録或摘要《中西算學通》和《數理精藴》，但是江藩仍然認爲是『近日爲此學者，知法之已然，不知立法之所以然。若何君可謂知立法之所以然者，豈人云亦云哉』。① 江藩認爲何夢瑶能『知立法之所以然』。當時有友人對江藩説：『何君衍梅氏之義，似不及梅書之詳贍也。』江潘答之曰：『是爲孤學，一知半解尚難，其人况中西之法無所不通耶，且寒士有志於九章八綫之術者，力不能購欽定諸書，熟讀《算迪》亦可以思過半矣。』② 孝廉以爲然。所以，《算迪》的意義在於，一方面何夢瑶『知立法之所以然』，另一方面大部頭的欽定諸書不是一般百姓能够購買得起的，《算迪》有利於宣傳推廣算學。

①（清）江藩：《算迪叙》，載何夢瑶《算迪》。
②（清）江藩：《算迪叙》，載何夢瑶《算迪》。

筭迪
八卷

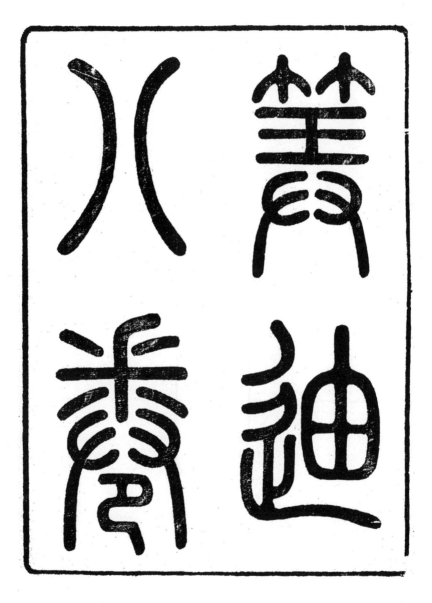

道光廿五年冬十一
月南海伍氏開雕

算迪敘

數學與推步之術我
朝咸推宣城梅氏然所著之書叢脞凌雜始末不能明備
聖祖仁皇帝欽定數理精蘊及
欽定歷象考成窮方圓之微眇晳中西之異同伊古以來
未有此鴻寶鉅典也元和惠半農先生仰鑽
聖學兼通樂律督學粵東時何君西池爲入室弟子親受
業焉如松崖徵君雖淹貫經史博綜羣書然于算數測量
則畧知大概而已此乃余古農師之言也何君之書由梅
氏之書而通之
典學筆算籌算表算方程句股開方帶縱幾何借根方諸

法皆述梅氏之學至於割圓之八線六宗三要二簡及難題諸術本之梅氏而又闡

精蘊考成之旨矣近日爲此學者知法之已然不知立法之所以然若何君可謂知立法之所以然者豈人云亦云哉藩昔年卽知此書嘉慶二十五年來粤東訪求不可得道光元年六月曾文學勉士于友人處得之吳孝廉石華將付剞劂謂藩曰何君衍梅氏之義似不及梅書之詳贍也答之曰是爲孤學一知半解尚難其人況中西之法無所不通耶且寒士有志于九章八線之術者力不能購

欽定諸書熟讀算迪亦可以思過半矣孝廉以爲然江藩作

算迪自序

算學至

國朝

御製數理精蘊一書至矣極矣蓋由我

聖祖仁皇帝以天縱之聖集中西之成故能超千古而獨

隆亙萬世以垂法非草茅愚陋所能仰窺萬一也顧卷帙浩繁難於購與讀謹撮錄要領併舊纂算迪一冊合爲十二卷以授學者使便講習擬名精蘊輯畧以參雜成書非盡精蘊原文不敢沿襲其名以蹈不敬之愆故仍名算迪又恐見罪冒竊爰敘簡首以明鄙意焉

粵雅堂校刊

算迪自序

算迪目錄

卷一

卷三

粵雅堂校刊

卷五

算迪卷一

嶺南遺書

加法 筆算

南海 何夢瑤 報之撰

㊀如有銀二百七十五兩。又一千一百三十兩。又一千四百零五兩。問共若干。　曰二千八百一十兩。　法用格眼粉板直列三數。自下而上逐層併之。末層兩位五五成十。無零則紀〇於兩位。紀點於十位。再看十位三七併紀點共十一。則紀一於十位紀點。於百位再看百位四一二連紀點共八。則於百位紀八。再看千位一一共二。則於千位紀二。合之得二千八百一十兩也。

	總數			散數		
千	二				一	一
百	八		、	二	一	四
十	一		、	七	三	〇
兩	〇			五		五

試法 二二 〇

粵雅堂校刊

凡於上位紀點。皆挨散數之旁紀之。以便合併。核用九減試法。於粉板空處作丨。將總數九減餘二。總數二八一。內八一合成九。減之。止餘二。紀丨左。又將散數紀點不算。九減亦餘二。減二七。五一三。五四。餘二。紀丨右。左右同便不差。所減所餘俱不論單十百千萬之位。只作單數看。如此條總數二千八百一十一。八百合一十成九。便只作單九看。蓋減八百一十。即如減九十箇九也。存二千。只作存單二看。蓋九減數不變。如一十減九仍餘一。二十減九仍餘二。觀九歸可知。九歸二千。必至餘單二乃已也。○按九減法雖捷。然所差恰與九數合者。即核不出。故又有七減之術兼核之。但七減須論位。自萬而千而百而十而單。不若九減之快。故不錄。

畸零加法

(一)如有物十斤四兩十五銖。又九斤十一兩九銖。問共若干。

曰二十斤。二十四銖爲一兩。十六兩爲一斤。

十斤		一	、		二
	九		、		○
十兩	一				○
	一	四	、		○
十銖		一			○
	九	五			○

此兩率一六。銖率二四皆二位也併銖位十五與九得二十四。當進一兩故於銖之二位紀○。兩位紀點次查兩位十一與四及所紀之點共十六。當進一斤故於兩之二位紀○於斤位紀點又查斤位九併所紀之點成十。故於斤位紀○。於十位紀點又查十位一與所紀之點共二故於十位紀二也　此不能用九減試法。可用畸零減法還原。

減法 筆算

㈠如有米一千六百二十五石。已支出三百七十五石。問尚存若干。　曰一千二百五十石。

	千	百	十	石
存	一	二	五	○
原	一	六	二	五
支		三	七	五

先查石位係五。減五。對減無餘。本位紀○。次查十位係二。減七。減數反大於原數。不能減則於百位紀一點。借出一百入十位。作一百二十石。減七十石。存五十石。於十位紀五。次查百位係六。減三。因記點借去一。則爲六減四。存二。於百位紀二。再看千位一。無減。仍存一。於千位紀一。合之得尚存一千二百五十石也。

九減試法　五｜五　原米九減餘五。支出與尚存合之。九減亦餘五。知不差。

㈡如庫銀五萬兩。支放三萬二千五百四十六兩三錢。問存若干。曰。一萬七千四百五十三兩七錢。

存	一	七	四	五	三	七
原	五	○	○	○	○	○
支	三	二、	五、	四、	六、	三
	萬	千	百	十	兩	錢

此因千百十兩錢位盡空。連借上位之一。爲下位之十。乃能減也。凡遇此等接連記點者。原數各空位皆作十。看支數併記點合看。如六兩併記點。則爲七。減七存三是也。

畸零減法

㊀如田一百畝被水沖去四十二畝一百八十一步。問尚存若干。

曰五十七畝○五十九步。

存	○	五	七	。	五	九
原	一	○	○	○	○	○
沖		四、	二、	一	八	一
	百	十	畝	百	十	步

二百四十步爲一畝。先於畝位記點。借出一畝。入下作二百四十步。減去一百八十一步。尚存五十九步。於步位紀九。上一

位紀五。再上一位紀〇。餘照第二條。

還原不能用九減試法。可用畸零併法還原。

因乘法 用籌算

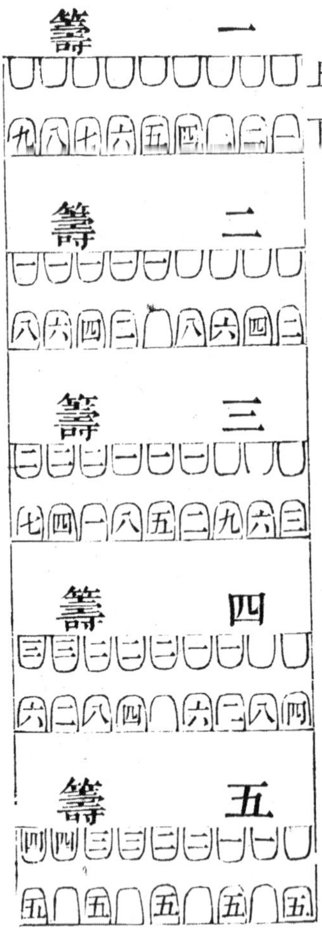

此卽九因也一籌乃一因所成。二籌乃二因所成。餘可推。每籌豎分上下二位上位十下位單也以圈分界。上半圈爲十。下半圈爲單。橫分九行已於空籌下註明。籌數與其行數相因而得積也如第六籌之六。與其第九行之九。相因得積五十四。是也。兩籌相合則成三位◡○◠。共三三位也。三籌相合則成四位餘倣此

自第一籌至第五籌各作九根一籌之背爲九籌二

籌之背爲八籌。三籌之背爲七籌。四籌之背爲六籌。五籌之背爲空籌。共作四十五根。每根長二寸。闊三分。厚一分。分九層。每層五根。再作平方籌一根。闊六分。立方籌一根。闊九分。其長與厚並同前。合爲一層。共算十層。計長二寸。闊一寸五分。厚一寸。照度作一小木匣盛之。平方立方二籌式見開平方法開立方法中。

㊀如有兵三千五百六十名。每名賞銀八兩零六分四釐。問共若干。

曰二萬八千七百零七兩八錢四分。

先分法實。以兵數三五六○爲實。書格眼粉板上。以銀數八○六四爲法。照數取八空六四共四籌。疊放案上。合成五位

總　二八七〇七八四

實			
三			三
五		四	四
六	四	〇	一
〇	八	三	九
兩	三	二	二
	八四	〇	

四籌合放式

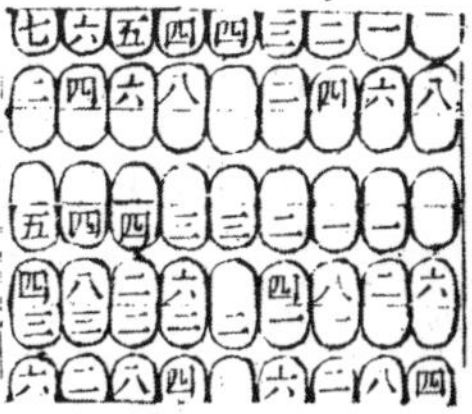

八空六四

次查實末係六字即將籌第六行積四八三八四錄於實右錄法籌積首位不論是字是圈務與實對列故以籌積首位之四與實六字對列也後倣此再查實第二位係五字即將籌第五行積四〇三二〇錄之如式再查實首位係三字即將籌積第三行二四一九二錄之如式乃用併法將籌積併得二八七零七八四以定位法定之得二萬八千七百零七兩八錢四分　定位法於實單位（實末之〇單位也。因實止於十。無單位。故以圈代之。）下一格書兩字蓋單位之下乃法首此法首八係兩故書兩字也。（每人賞八兩。以珠算推之。一八如八。逢如下位。故一人之下位乃兩也。）

而兩字與併總之七相對則七乃七兩。逆上四位非萬而何訣曰乘始實尾逆上勿忘視實某數錄籌某行。行積之首或圈或字均與實對並列勿異錄訖併之。定位名之單實下位法首無疑　還原本用歸除亦可用九減試法作一✕以原實九減餘五紀✕上以法數九減餘九紀✕下上五下九相乘得四五九減之仍餘九紀✕左然後以併得之數九減之亦餘九紀✕右左右相同知不差

歸除法　用籌算。有二種看問意分

(一)今有耆民四百零三人。共給肉帛銀八百二十四兩一錢三分五釐問每人給若干　曰二兩零四分五釐

此問乃兩總求散。實與得數同類。爲一種。

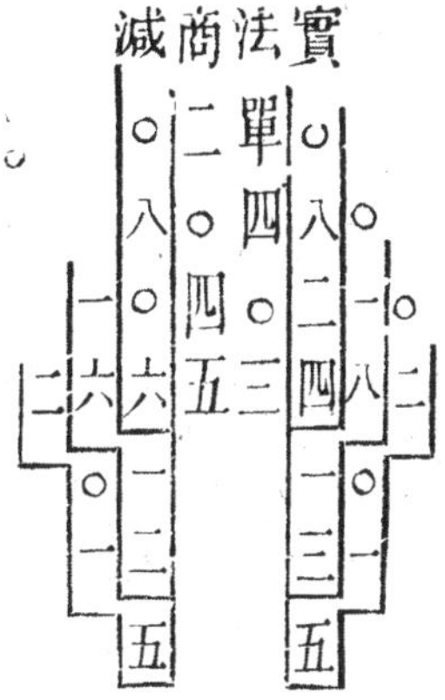

先分法實。分法詳下條。以銀數爲實書於格眼粉版上。以人爲法。取四空三共三籌疊放案上。成四位。即截實四位爲一商。商酌每人應分若干也。查係小法。法數小於實數也。在珠算可逢進。則實首當加一〇。以爲逢進之地也。亦算一位而截〇八二四共四位爲初商實。若係大法。則實首不用加〇。以珠算例之不能逢進也。用曲線界定。次查籌積。無與截實合者。惟弟二行係〇八〇六畧少於實。錄之與實〇八二四平頭並脚對列。亦作曲線界定。相減餘一八一三五。爲次商實即將籌之行數二書爲初商。書法務與實首。不論是是字平頭並列是爲初商得二。　次商查係大法實首不用加○截一八一三共四位爲次商實查籌第四行積一六一二畧少於餘實錄之與實一八一三平頭並腳對列各用曲線界定對減餘二○一五爲三商實即將籌之行數四書爲次商　三商截二○一五共四位爲實與籌弟五行積相較恰合對減適盡即將籌之行數五書爲三商合之共商得二○四五以定位法知爲二兩零四分五釐　定位法錄原實時即於實旁錄法須同等並列如此條法首是百則與實之百位並列是同等也。於法首上一位記一單字或作一△代之查初商之二正值單字知爲兩也　訣曰除先實首挨次下訖紀實截位數籌加一。如四籌則加一為五位。六籌則加一為七位也。若是小法實首加圈亦算一位大法不然位若不足補圈實尾以〇補足其位。截位既畢與籌較比某行之積與截實符或畧小者。錄而減諸籌積截實位數既合並腳平頭對列勿錯並用曲線對界相當取其行數書為初商書亦平頭三者並列與實數減數並列也。餘實續商法同無別法實同等錄法實旁法首得零零卽單也。定位可詳還原本用乘亦可用九減試法作一〆以法數九減紀餘〆左此法數四。三合之得七。不及減卽紀之。以商得數九減紀餘〆右此商得二。四五。九減餘二。紀之。左右相乘得數九減紀餘〆上。此左七右二相乘得一四。併得五。不及減。卽紀五〆上。末以原實九減紀餘

×下。上下相同。不差。（此原實九。減餘五。）一法。併所減籌積

各數。與原實合。即不差。遇歸除不盡者。則以不盡餘

實。同減數併之。仍與原實合

(二)如問云。米每石價一兩六錢。今有銀五十兩。問買米若

干。曰三十一石二斗五升。（此問乃一散一總求總。實與得數異類。爲一種。）

算法照前。

分法。實法如前一種。兩總求一散者。以與散同類之

總爲實。如後一種。一散一總求總者。以散爲法。

命分法（如歸除不盡。則用此法命之）

(一)如一百四十七人。分銀二百一十兩。每人得銀一兩。仍

餘六十三兩。不盡。則以法一百四十七人爲分母。不

盡六十三兩爲分子。命之曰。每人得銀一兩。又一百四十七分兩之六十三分。何則。一百四十七人分銀一兩。而每人得一分。則分六十三兩而每人得六十三分可知矣。故曰一百四十七分兩之六十三分也。

訣曰。歸除不盡如何紀。命分之法當知矣。法爲分母餘實子。子得母數幾分幾

約分法 即上命分法之簡約者

（一）如上條既命之爲一百四十七分兩之六十三矣。今欲改爲相當之小數以命之。其法如何。曰。法置分母一百四十七。以分子六十三減兩次。餘二十一。又置分子六十三。轉減兩箇二十一。亦餘二十一。則子母齊

同。即以相同之二十一爲法。歸除母一百四十七得七。是七箇二十一也。又以二十一歸除子六十三得三。是三箇二十一也。可約之爲七分之三。改命之曰每人得銀一兩又七分兩之三也　訣曰約法須分子母名互相減損至同停以除子母同爲法。小數能將大數更。

通分併法

(一)如有絲一斤又五分斤之三。（即九兩六錢。）又五分斤之四。（即十二兩八錢。）問併得若干　曰二斤。又五分斤之二。（即六兩四錢。）此兩分母相同者。（皆爲五也。）但徑併其子。（之四之三。）得七。爲五分斤之七。子反大於母。（子七母五也。）截收母數五爲一斤。

名收零爲整法。與一斤相併得二斤。餘二。故命之曰二斤又五分斤之二。若分母不同而可改使同者則改之。如有物六分斤之三（即八兩。）又有四分斤之一（即四兩。）則將六之三改作四之二使兩母相同乃如上法併之。

（二）如有米四分石之三（即七斗五升。）又五分石之四（即八斗。）問併得若干。曰一石又二十分石之十一分（即五斗五升。）此兩分母不同者不可改使同則須互乘以求其同法以兩母五四相乘得二十爲總母以分母四互乘分子四得十六變五之四爲二十之十六。又以分母五互乘分子

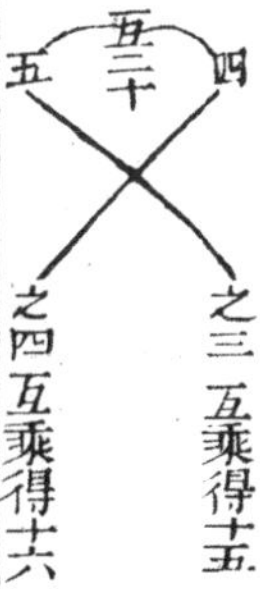

三得十五變四之三爲二十之十五兩母既同爲二十遂併兩分子十六十五得三十一爲二十分石之三十一分子反大於母依收零爲整法滿母二十收爲一石餘十一分命之爲一石又二十分石之十一分也

㊂如甲米六分石之四（即六斗六升六六不盡）加乙米三分石之一（即三斗三升三三不盡合甲共一石）又加丙米五分石之二（即四斗）問併得若干 曰一石又五分石之二 此三宗者照上弟二條法先併甲乙二宗得數乃重列與丙相併或用維乘法以分母六三五互乘得九十爲總母以甲分母六除總母九十得十五爲乙分母三乘丙分母

五之數。母三乘母五得十五。又以母六乘之得九十。乘以除還原。故以母六除之以乘甲子四得六十。以母三乘母五。乃乘子四。即如以母三互子四。復以母五互之也。乃變甲原數六之四為九十之六十也。　又以乙分母三除總母九十得三十為甲分母六乘丙分母五之數。以乘乙子一得三十。乃變乙原數三之一。為九十之三十也。　又以丙分母五除總母九十得十八為甲分母六乘乙分母三之數。以乘丙子二得三十六乃變丙原數五之二。為九十之三十六也乃併三數得一石又九十分石之三十六與一石又五分石之二同。　四宗以下倣此。

④若大分帶小分而兩母俱同者。如法併之。自小分起。滿

小母數進爲大分滿大母數進爲整如甲田二十九畝七十步積二百四十步爲一畝今止得七十步也十二尺積二十五尺爲一步今止得十二尺也乙田一百七十步十五尺問併得若干曰三十畝一步二尺　法曰步爲大分其母二四尺爲小分其母二五兩數所同也若將問語改云甲田二十九畝又二百四十分畝之七十又二十五分步之十二乙田二百四十分畝之一百七十又二十五分步之十五分則甲乙大小兩母之同見矣先併小分得二十七尺以滿二十五尺進爲一步仍帶二尺次併大分得二百四十步加進一步共二百四十一步以滿二百四十步進爲一畝仍帶一步共計併得三十畝一步二尺也

㊄若大分母同而小分母不同者用互乘法使之同如甲

米十分石之四。卽四斗。又五分斗之四。卽八升。乙米十分石之八。卽八斗。又八分斗之三。卽三升七合半。問併得若干。

曰一石又十分石之三又四十分斗之七。法用互乘。先同其小分之母。

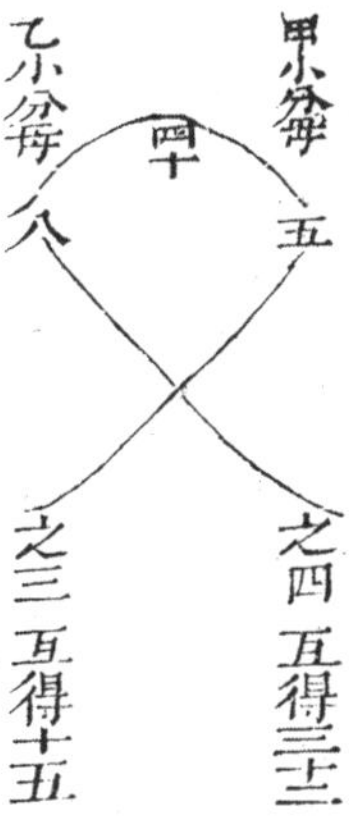

小分旣同母四十。乃重列而併之。

甲十分之四又四十分斗之三十二

乙十分之八又四十分斗之一十五

併小分三十二。一十五。共四十七。滿四十收進大分一。餘七。又併大分八四得十二。加進一共十三。滿十收進一石餘三。共計併得一石又十分石之三。又四十分斗之七也。

⑥若大小分母俱不同。卽各用互乘以同之。如甲田二畝。又四分畝之三。卽七分五釐。又五分分之一。卽二釐。乙田一畝。又八分畝之四。卽五分。又四分分之三。卽七釐五毫。問併得若干。　曰四畝又三十二分畝之八分。卽二分五釐。又二十分分之十九分。卽九釐五毫。　法用互乘。先同其大分之母。

併得三十二之四十。如法收一畝餘八分。

再用互乘。同其小分之母。

併得二十之十九。

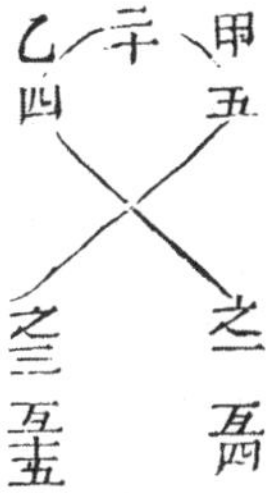

於是合而併之。爲四畝。又三十二分畝之八分。又二十分分之十九分也。

一法以甲大小分母相互而併之

併之爲二十分畝之十五分四釐。

小分之子。應降一等。故爲釐數。

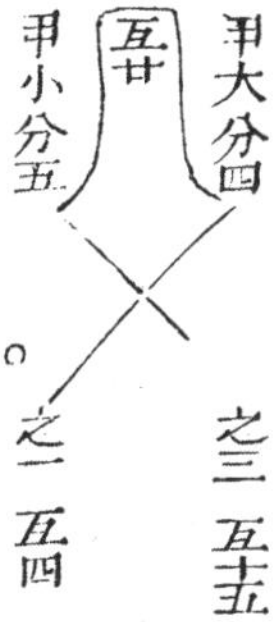

問四之三。乃大分也。以五五互之而變爲二十之十五。謂爲二十分畝之十五分可也。若五之一。則小分也。以四互之而變爲二十之四。不謂之二十分分之四而統謂之二十分畝之十五分四釐何也。曰。畝可統分也。故可析而言之曰二十分畝之十五分。又二十分分之四。分亦可合言之曰二十分畝之十五分四釐也。以數核之則見矣。試置一畝爲實。以二十分爲法除之。得每分五釐。以十五分乘五釐得七分五釐。又以四釐乘五釐得二釐。合之共得七分七釐。與原數符。知不謬也。　又以乙大小分母互而併之

併得三十二分畝之十八分四釐。小分之子。應降一等。故爲二分四釐

於是合而併之。

甲二十　之五四　互四百九十二分八釐
互四千
乙二十二　之八四　互三百六十八分

併得六百四十分畝之八百六十分零八釐收六百四十分爲一畝合原三畝共四畝餘二百二十分零八釐命曰四畝又六百四十分畝之二百二十分零八釐

訣曰通分併法母同併子不同同之改互可矣子大於母照母截收進零爲整餘數存留三宗已上法用截併先併兩宗其餘再定大分帶小兩母必同不同同之互乘可從併截倣前勿離其宗減法視此神明變通

通分減法

㈠如有紬一匹又五分匹之二用過五分匹之三問存若干　曰五分匹之四　此分母同者法以之三減之二不足用化整爲零法將原數一匹通作五分併入之二共成五之七內減五之三尚存五之四也　若分母不同可改使同者改之已詳上併法

㈡又如甲銀一兩又五分兩之三乙銀八分兩之四問乙少若干　曰乙少甲一兩又四十分兩之四分法用互乘

相減餘四命之曰乙少甲四十分之四併入一兩共少一兩又四十

分兩之四也。

（二）如有米一石又九十分石之三十六分。甲得六分石之四。乙得三分石之一。問所餘丙數若干。　曰丙得十分石之四。此三宗者照上第二條互乘之。

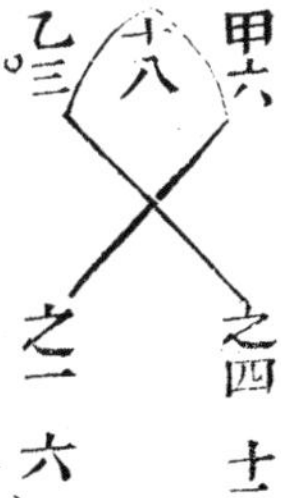

相併收得一石。於總米減一石。餘九十分石之三十六。約之爲十分石之四。丙所得也。

按此條梅定九答云丙得五之二法以九十分爲總母。意以原米爲甲乙丙三人共總之數。則九十分必三母維乘所得也。於是做併法第三條維乘之法算之。雖亦未嘗不合。然不可通矣。何則九十分石之三十六分。卽十分石之四分。又卽五分石之二分也。設問者。改九十分石之三十六分。爲十分石之四分。或改爲五分石之二分。則亦將以之爲總母乎。不可通矣。故正之。四宗已上倣此

(四)若大分帶小分而兩母並同者。可徑對減。如原有田二十九畝七十步十二尺。今減水沖去一百七十步十五尺。問存若干。

曰二十八畝一百三十九步二十二尺。

此兩分母相同者也。（大分母並二百四十步。小分母並二十五尺。）

先以小分相減。不能於十二減十五。用化整爲零法。將上一步化作二十五尺。併入十二尺共三十七尺。減去十五尺餘二十二尺。次以大分相減。查原田七十步除取一步化尺外。實存六十九步。不能減一百

七十步。又將上一畝。化為二百四十步。併入六十九步。共三百零九步。減去一百七十步。餘一百三十九步。又查原田二十九畝。除將一畝化步外。實存二十八畝。合計存二十八畝。一百三十九步。二十二尺也。

㊄若大分母同。而小分母不同者。用互乘以同之。乃對減如法。

㊅若大小分母俱不同者。即各用互乘以同之。乃對減如法。　訣具前併法中。

通分乘法

㊀如有田三十六畝六分。每畝徵銀三分錢之二分。即六分六六釐六六六不盡。問該銀若干。　曰二兩四錢四分。法以田數

乘銀子二分得七十三分二釐以分母三除之一畝得二分則三十六畝共得七十三分二釐矣而滿母三收一錢故以三除之也得二兩四錢四分此零分乘整數之法

（二）又如有米八分石之五即六斗二升五合每斗價銀四分錢之三即七分半問共價若干　曰四錢六分八釐七毫五絲

法以兩子之五之三相乘得一兩五錢爲子而以兩母八與四相乘得三十二爲母母除子合問蓋借之五當五石乃八倍其米也借之三當三錢乃四倍其價也當以八除一次以四除一次故以八因四得三十二除之義詳併法或不用除即命之曰三十二分兩之十五分以圖明之

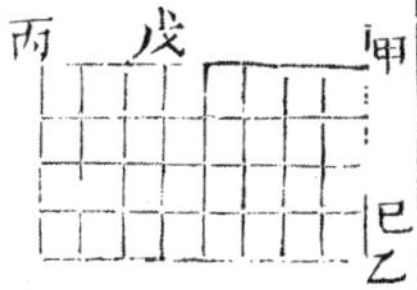

甲乙四四分也。甲已四四分之三也。甲丙八分也。甲戊八分之五也。以甲乙四。乘甲丙八。得三十二。卽共母數。以甲已三。乘甲戊五。得十五。卽共子數。則十五。非三十二分中之十五乎。

一法以互乘除代乘。

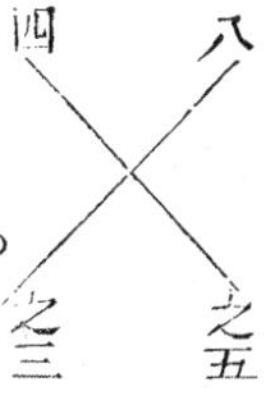

以五互除四得八爲母

以八互除三得三七五爲子

命之曰八分兩之三分七釐五毫。

解曰。以八乘四得三十二者正法也。此則約正法爲四之一而用之。如以四除三十二而用八也。何則三十二者八乘四之所得也。以乘得者以除還原。則以八除三十二。必仍得四。可知是四雖未嘗與八乘。卽無異乘而復除以還原也則此四當作以八除三十二得之可也而以五除此四即又無異以八除三十二一次又以五除一次也凡兩次除者依併除法可併爲一次除即無異以八乘五得四十爲法以除三十二也故曰如以四除三十二而用其八也以五乘三得十五正法也此亦約正法爲四之一而用之如以四除十五而用其三七五也何則十五者五乘三所得也若以五除十五則還原得三是三固無異五除十五之還原也而以八除此三又無異以五除十五一次復以八除一次也即無異以八乘五得四以除十五也故曰以四除十五而用其三七五也此零

分乘零分之法此無異以八乘五得四十爲法以除分母三十二得八以除分子十五得三七五子母均約爲四分之一也。

③如有田直二丈又四分丈之一。即二丈二尺五寸。與橫八丈相乘問得積若干。 曰積一十八丈。積冪積也。法以整數二丈用分母四通爲八分加入分子一。共九分與八丈相乘得七十二分爲實以分母四爲法除之。滿四分則進一丈也得積十八丈合問。 或以八丈亦用分母四通爲三十二分與九分相乘。得二百八十八分爲實以分母四自乘得十六爲法除之亦得積十八丈蓋橫一丈乘直一丈得冪積一丈者眞數也今通橫一丈爲四分通直一丈爲四分是橫一乘直一得積一者變

為橫四乘直四得積十六矣是浮數也故以四自乘得十六收之乃得眞數也此整數（謂二丈）帶零分與整數相乘之法也

㊃

如有田直二丈又五分丈之四（卽二丈八尺）與橫五分丈之三（卽六尺）相乘問積若干　曰一丈六十八尺法以整二丈用分母五通為十分加入分子四得十四分乃與之三相乘得四十二為實以分母五自乘（因兩母相同故自乘）得二十五為法除之卽得一丈六十八尺蓋通一丈為五分則橫一乘直一得積一者變為橫五乘直五得積二十五矣故以五自乘為法收之此整數帶零分與零分相乘而兩分母同者

㊄如有田濶二丈。又四分丈之三。即二丈七尺五寸。長三丈。又三分丈之二。即三丈六尺六六不盡。求積。曰積十丈零八尺又一百四十四分尺之四十八分。

法用互乘

四　十二　三

之三互九　之二互八

得共母十二之九八

以共母十二通濶二丈爲二十四分。加入分子九。共三十三分。又通長三丈爲三十六分。加入分子八。共四十四分。相乘得一千四百五十二分。乃以共母十二自乘得一百四十四分除之。得一〇〇八。餘四八不盡。即定爲十丈〇〇八尺。空二位。當云八寸。而曰八尺何也。以方一尺爲言也。云八寸者。長一丈。闊八寸也。云八尺者。長一尺。闊一尺者。八也。二者均積八百寸。無異也。又一百四十四分尺之四十八分。可約之爲三分尺之一。此整數帶零分乘整數帶零分而兩分母不同者之法也。

（八）如有田直五分丈之三。即六尺。又帶小分四分之一。小分謂二尺。何則以一丈剖爲五分。每分二尺也。小分四分之一。是將二尺又剖爲四分。而得一分。即五寸也。與併法弟六條。所謂小分不同。勿誤看合之爲六尺五寸。與橫五分丈之四。即八尺。又帶小分四分之二。即一尺。合之共九尺。相乘問積。曰積五十八尺。五十八箇方一尺也。五十寸。五十箇方一寸也。法以直小分母四通大分母五得二十。化一大分作四小分也。一大分化四小分。則五大分化二十小分矣。又通大分子之三得十二。亦一大分化四小分。合三大分化十二小分也。再加入小分子一得十三。共得二十分之十三。爲直大小分所變之數。又以橫小分母四。通大分母五得二十。又通大分子四得十六。再加入小分子二得十八。共得二十分之十八。爲橫大小分所變之數。然後以甲所變之分母二十。乘乙所變之分母二十。得四百分。爲母。又以甲之分子十三。與乙所變之分子十八相乘。得二百三十四分。爲子。以母四百除子二百三十四分。得五十八尺五十寸也。或不除而即命之爲四百分丈之二百三十四分。亦可以圖稽之。

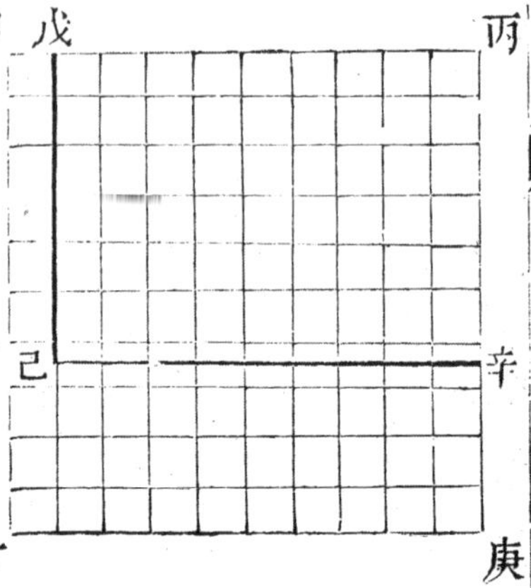

丙庚直一丈也。取五分之三。又帶小分四之一。爲丙辛六尺五寸。丙甲橫一丈也。取五之四。又帶小分四之二。爲丙戊九尺相乘得積五十八尺五十寸。此乃直丙庚橫丙甲各一丈相乘積一百尺中之五十八尺五十寸也。眞數也。若子母皆通爲四則母一百尺化爲四百尺子五十八尺五十寸化爲二百三十四矣。命之曰四百分丈之二百三十四分。不亦宜乎。

自此以下四條。皆大分帶小分者。此則大小分母相同者也。

⑦如有田長四分丈之三。七尺五寸又帶小分八之二。六寸一分半。

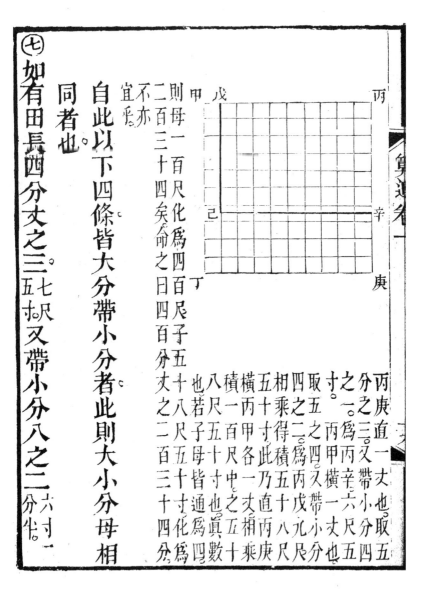

與闊五分丈之四八尺又帶小分六之三一尺相乘問積
曰積七十三尺一十二寸半　法以長小分母八通
大分母四得三十二又通大分子三得二十四再加
小分子二共得二十六爲三十二分之二十六　又
以闊小分母六通大分母五得三十又通大分子四
得二十四再加入小分子三共得二十七爲三十分
之二十七乃以甲所通之分母三十二乘乙所通之
分母三十得九百六十分爲母又以甲所通之分子
二十六乘乙所通之分子二十七得七百〇二分爲
子卽可命之爲九百六十分丈之七百〇二分若欲
求眞數以母除子便見七十三尺一十二寸半也此

大小分母俱不同者也。

⑧如長八分丈之三。三尺七寸半又帶小分四之一卽三寸一分二釐半與闊八分丈之四。五尺又帶小分六之五。一尺○四分一六六不盡相乘問積曰一千五百三十六分丈之三百七十七分。

法做上條。此大分母同而小分母異者也。

⑨如長六分丈之四又帶小分五之一。與闊九分丈之七。又帶小分五之二。相乘問積曰一千三百五十分丈之七百七十七。法做上條。此大分母不同而小分母同者也。

通分除法

①如每畝納銀五分錢之二。卽四分。共納過銀二兩四錢四

分。問畝數。曰六十一畝。　分甲乙二法。甲法以分母五除分子二得實銀四分。爲法以除納過銀數得所求。　乙法以母分五通納過銀數得一百二十二分（一錢化爲五分。則二兩四錢四分。化爲一百二十二分矣。）乃以銀子二除之。（逢二分則收一畝也。）得所求。　此零分除整數法。

㊁如每畝納銀一錢。今納過五分兩之四。（即八錢。）問畝數。曰八畝。　甲法以分母五除子四得八錢爲實。乃以一錢爲法除之。　乙法以分母五通一錢作五釐。（一兩化作五分。則一錢化爲五釐矣。）以除分子四得八錢。（分子之四。乃四分也。乃八箇五釐。每五釐爲一錢。則八五釐即八錢矣。）即八畝也。　此整數除零分法。

㊂如米每斗。價銀四分錢之三。（即七分半。）今有銀三十二分兩

之十五分。卽四錢六分八釐七毫五絲。問買得米若干。曰六斗二升五合。　甲法以母四除子三得七分五釐爲法又以母二十二除子十五得四錢六分八釐七毫五絲爲實法除實得所求　乙法以分母三十二除子十五得四錢六分八釐七毫五絲以分母四通之而以分子三除之得所求　按甲法一法一實也一箇七分五釐除一箇四錢六分八釐七毫五絲也。相當者也若以分子三除四錢六分八釐七毫五絲是四法而一實分子之三若經母四除之而得七五。則爲一箇七分五釐若未經母四所除而仍爲三。則是四箇七分五釐也。以除一箇四錢六分八釐七毫五絲。豈非四法一實乎。不相當矣故以分母四通之以分子三除之。　丙法以子三除子十五得五又以母四除母三十二。得八命之曰八分石之五。以乘法對看便見。爲圖明之。

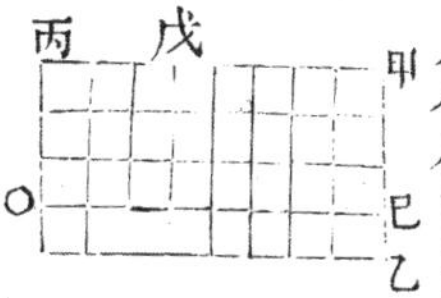

甲乙分母四也。甲己分子三也。甲丙分母八也。甲戊分子五也。以甲乙四乘甲丙八得丙乙方積三十二。以甲乙四除之得甲丙八還原。○以甲己三乘甲戊五得戊己方積十五。以甲己三除之得甲戊五還原。故曰與乘對看便見。

捷法用互乘代除。以實分母三十二互乘法子三得九十六爲母。又以法分母四互乘實子十五得六十爲子。命之曰九十六分之六十。分即八分之五也。蓋

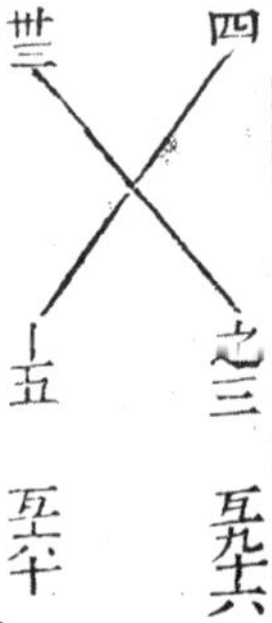

九十六之比六十。與八之比五。其比例等前法以法除實其得數爲減分之比例。以法除實是析總爲散。剖大作小故爲減分。此法用互乘其得數爲加分之比例。似異而實同也。試以兩分母四與三十二相乘得一百二十八。而後以母四互子十五得六十。以母三十二互子三得九十六。是將四之三變爲一百二十八之九十六。將三十二之十五變爲一百二十八之六十。其兩分母既等。則可除去不算。獨以其子命之可無疑矣。因省兩母互乘故難曉耳。其實九十六與六十之比。卽同於八與五之比。試以八約九十六。便見是十二箇八。又以五約六

十。便見是十二箇五也　又解見通分乘法第二條

○按已上共四法似異而實同者也蓋甲法以七分五釐除四錢六分八七五猶之以七十五人分四錢六分八七五而見一人所得爲六二五也而丙法八之五亦以八分五而見一人所得爲六二五捷法九十六之六十亦以九十六分六十見一人所得爲六二五然則九十六之比六十猶一之比六二五亦可云九十六之比一猶六十之比六二五下文做此說詳下篇四率中八之比五與七五之比四六八七五並猶一之比六二五也然則九十六之比六十猶八之比五及七五之比四六八七五也至乙法之同甲法前已論之矣○此零分除零分法

也。

㊃如有田積十八丈。十八箇方一丈也。以直二丈又四分丈之一卽二丈二尺五。除之。問橫若干。　曰八丈

法以分母四通十八丈得七十二分。一丈化為四分。十八丈共化為七十二分也。為實。又通二丈為八分。加分子一。共九分為法除之。此整帶零除整法也。

㊄如積八丈又五分丈之二。卽八丈四。以橫二丈四尺除之。問直曰三丈五尺。

法以分母五通八丈得四十分。加入分子二。共四十二為實。又以分母五通二丈四尺得一十二分為法除之。此無異以二十四除實而再以五收之。逢五進一也。此整除整帶零法也。

⑥如有積五分丈之四。即八十尺以三丈又八分丈之一即三丈一尺二寸半除之。問得若干。曰二尺五寸六分。

法以五分丈之四爲實。以法之分母八通三丈。得二十四分。加入子一。得二十五分。是爲八分丈之二十五分爲法。乃依上弟二條子除子母除母之法。以法母八除實母五。得六二五爲母。以法子二五除實子四。得一六爲子。乃以母除子。得二尺五寸六分。此整數帶零分除零分之法也。若法除實而數或不盡。則亦照弟三條用互乘代除之法。

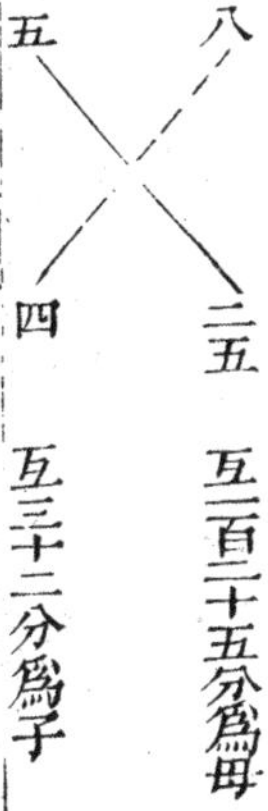

母除子。亦得二尺五寸六分。倣上弟三條論之。

粵雅堂校刊

⑦如有積四丈又三分丈之二以七分丈之四除之問除得若干。　曰八丈又六分丈之一。

法以實分母三通四丈得十二加入分子二得十四共得三分丈之十四為實以七分丈之四為法用互乘代除之法。

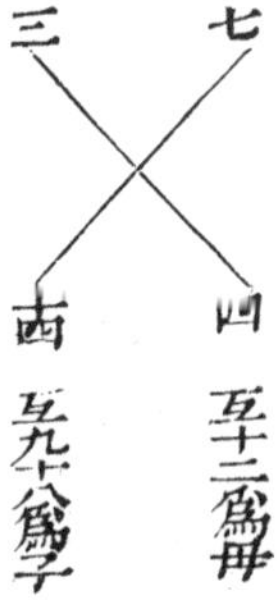

母除子得八丈餘二不盡命為十二分丈之二約之為六分丈之一。

此零除整帶零法也。

⑧如有田五畝又三分畝之二共租銀五兩又二十七分兩之一問每畝租銀若干。　曰八錢八分八釐又四

百五十九分釐之四百零八分。

法以銀分母二十七通五兩得一百三十五加入分子一得一百三十六共得二十七分兩之一百三十六為實又以田分母三通五畝得十五加入分子二得十七共得三分畝之十七為法用互乘代除之法母除子得八錢八分八釐又四百五十九分釐之四百零八

互四百五十九為母

互四百零八為子

(九) 如有積八分丈之七又帶小分五之三。小分五之三者。將一丈分為八分。每分得一尺二寸五分。又將此一尺二寸五分。分為五分。而得其三分也。以橫五分丈之二。又帶小分四之一除之。問直若干。曰二丈一

尺一寸一分一釐又三百六十分釐之四十約爲九分釐之一

法以積小分母五通大分母八得四十又通大分子七得二十五加入小分子三得三十八共得四十分丈之三十八爲田積大小分所變之數爲實又以橫小分母四通大分母五得二十又通大分子二得八加入小分子一得九共得二十分丈之九爲橫大小分所變之數爲法乃用互乘代除法母除子得數此大零分下帶小零分而兩母兩子不同者之法也其兩母兩子俱同及母同子異子同母異

二十　九　三百六十爲母

四十　卅八　七百六十爲子

者皆同此例。

乘除並用

凡數有乘除各一次者。不論理當先乘後除。與理當先除後乘。概用先乘後除爲便。以得數無異。慮先除數或不盡。難以用乘也。如四人分銀八兩。問三人若干。法當先以四人除八兩。得每人二兩。而後以三人乘之。見得六兩。今卻先以三人乘八兩。得二十四兩。而後以四人除之。得實數六兩。所得無異也。然其理安在。曰八兩者四人所得也。以三人乘之。得二十四兩。是一人而得四人所得。乃浮數也。故以四約之。而見實數。此即通分乘法第一條之理也。

四率比例

凡乘除並用。則有四率相爲比例。而有正比例。轉比例之分。如左。

正比例古名異乘同除

○如原有米二十石。共價三十兩。今有米四十石。問價若干。　曰六十兩。

法將問語拆列四率如左。

一率　原米二十石爲法

二率　原價三十兩相乘

三率　今米四十石爲實

四率　求得今價六十兩

列法以原物爲一率。原價爲二率。今物爲三率。二率與三率相承恆爲實首率恆爲法除得今價爲四率。所謂四率也。古謂之異乘同除者以三率今乘次率原今與原異故曰異乘以首率原除次率原原與原同故曰同除也。何謂比例。蓋以原米二十。比原價三十。一比一五若今米四十與今價六十也。亦一比一五也。○凡言以者爲一率。言比者爲二率。言若者爲三率。言與者爲四率。謂之同理比例。又曰相當比例。又二率三率之位可互易。則爲以原米二十。比今米四十。一比二。若原價三十。與今價六十也。亦一比二。此法名爲遞轉比例。

轉比例

○如有地闊二十丈。長八十丈。今有地闊四十丈。與之相換。問該長若干。　曰四十丈。

一率	今闊四十丈	爲法
二率	原闊二十丈	相乘爲實
三率	原長八十丈	相乘爲實
四率	今長四十丈	

列法照式。法爲以今闊比原闊。若原長比今長也。

此與正比例異。蓋彼先定首次兩率。以爲三四兩率之比。此則先定中兩率。以爲首末二率之例也。又凡四率中二率相乘。必與首末率相乘同積。彼乃異乘而同積。中率相乘。與首末率相乘。皆爲原乘今也。此則同乘而同積也。中兩率原乘原。首末率今乘今也。故此條古名同乘異除。異除謂今除原也。此條西法謂之互視。蓋因積之相同。其數不可增損。地換地。必羃積相同乃換。而長闊可隨形。今闊比原闊多若干。四十視二十多一倍。則原長比今長亦多若干。八十視四十亦多一倍。如相倣效。故曰互視。此於正比例爲別調。以預知爲同積而比例乃生。故曰轉比例也。◯按正比例。乃同式而實異者也。轉比例。乃同實而異式者也。如原買田廣四十丈。長八十丈。今買田廣二十丈。長四十丈。是同式而異實者也。如原田廣四十丈。長八十丈。今換田廣

八十丈。長四十丈。是同實而異式也。此解㝡明

合率比例

古名同乘同除。即併乘併除也。蓋凡實須將數法相乘者。可將各法相因併爲一法乘之。須將各法相除者。可將各法相因併爲一法除之。如每日每人工銀五分。今有五人。僱八日。問工價若干。則以五人乘每日五分。得二錢。先又乘八日。見得二兩。是以五人爲實。以五分乘一次。又以八日乘一次也。今則以五分因八日。得四錢。以乘五人。即得二兩。是併二次乘爲一次乘也。又如有銀一百兩。今四股分之。每股又分五分。每分若干。則以一百兩爲實。以四股爲法。除得每股二十五兩。又以每股五分除得每分五兩。是除二次也。今則以四股因五人。共得二十人爲法。以除一百兩。即得每分五兩。是併二次除爲一次也。法雖異而得數同也。而曰合率比例者何也。曰此即合數次比例以爲一次比例也。詳如左。

(一)如原有工人八名傭五日共支工價銀二兩今有工二名傭二日問該銀若干　曰二錢

法以原工八名乘原五日得四十工爲首率　以原銀二兩爲次率　以今工二名乘今二日得四工爲三率　求得今銀二錢爲四率

法爲以四十工比四工若銀二兩比二錢也然此法乃兩比例合爲一比例耳試作兩次比例列之

一率　原工八名
二率　原銀二兩
三率　今工二名
四率　求得今銀五錢

原工八名而得銀二兩則今工二名應得銀五錢此一比例也但以工論工者也

又以日論之●

一	五日		五日而得五錢。則二日應
二	五錢		得二錢。此又一比例也。
三	二日		
四	求得二錢		

試將兩比例合為一比例。即與前法無異矣。

		合之
原工八名	原五日	原四十工八名乘五日所得
原銀二兩	原五錢可對減不用	原二兩
今工二名數同	今二日	今四工二名乘二日所得
今銀五錢	今二錢	今二錢

問首率三率。並兩比例相乘。而次率獨否何也。曰銀

粤雅堂校刊

五錢。凡兩見其數既同。則可對減省乘也。如次率之二兩。若必乘五錢。則末率之二錢。亦必乘五錢。然末率止求一錢本數。不必與五錢相乘。此省則彼亦省也。

㊁如原有鵝八隻。換鷄二十隻。又鷄三十隻。換鴨九十隻。又鴨六十隻。換羊二隻。今有羊五隻。問換鵝若干

曰二十隻。

法以所換羊二。乘所換鴨九十。得羊一百八十隻。再乘所換鷄二十。得羊三千六百隻。爲首率。○又以原鴨六十。乘原鷄三十。得鷄一千八百隻。再乘原鵝八。得鵝一萬四千四百隻。爲次率。　又以今羊五隻爲

三率。求得四率鵝二十隻。

法爲以原羊三千六百隻比原鵝一萬四千四百隻。若今羊五隻比今鵝二十隻也。竝一比四。然此法乃合三比例成一比例也。

一	原羊二	原鴨九十	原鷄二十	原羊三千六百
二	原鴨六十	原鷄三十	原鵝八	原鵝一萬四千四百
三	今羊五	今鴨一百五十	今鷄五十	今羊五
四	今鴨一百五十	今鷄五十	今鵝二十	今鵝二十
	數同	省除 數同	省除	合之

解曰。鴨一百五十隻。可換鷄五十隻。亦可換羊五隻。是換鷄五十隻與羊五隻等也。則鷄五十隻所換之鵝二十隻。亦必爲羊所換可知矣。

㊂如原有工一百開河四十丈。二十日工完。今有一千工。合開河八十丈問幾日可完。曰四日

法先互乘

原一百工　四十　互四萬丈

互十萬工

今一千工　八十　互八千丈

化原一百工開四十丈。為十萬工開四萬丈。化今一千工開八十丈。為十萬工開八千丈。

乃列四萬丈為首率

二十日為次率

八千丈為三率

求得四日為末率

法為以四萬丈比二十日。若八千丈與四日也。

然此亦合兩比例為一比例也。

今工一千　原四十丈　四萬丈

原工二十日　原二日不用　二十日

原工一百　今八十丈　八千丈

今二日　數同　今四日　四日

合

四

如原有書一百篇。六人寫之十日完。每篇三百字。今有書二百篇。八人寫之十二日完。問每篇字若干。　曰

二百四十字。

法用互乘

原一百篇　原六人互一千二百人|原十日互一萬二千工

互二萬篇

今二百篇　今八人互八百人|今十二日互九千六百工

此變原數爲二萬篇。用一萬二千工寫之。亦變今數爲二萬篇。用九千六百工寫之。篇數同而用工之多少異。則以字數多者用工多。字數少者用工少也。

於是以原一萬二千工爲一率。

原三百字爲二率。亦可以二萬篇乘三百字。得六萬字。爲次率。因問者止論每篇。故止用三百字。

今九千六百工爲三率。

求得今二百四十字爲四率。

此乃合三比例爲一比例也

			合之
今二百篇	原六人	原十日	原一萬二千工
原三百篇	原二百五十字	原二百字	原三百字
原一百篇	今八人	今十二日	今九千六百工
原百五十字	今二百字	今二百四十字	今二百四十字

數同　數同

解曰先以篇數爲比例原一百篇篇三百字今匀作二百篇則應每篇一百五十字此轉比例也然人數不同故又以人數爲比例原六人寫二百篇每篇一百五十字則今八人寫二百篇每篇應二百字此一正比例也然日數又不同故又以日數爲比例原十日寫二百篇每篇二百字今十二日寫二百篇每篇應二百四十字又一正比例也

㊄如原有麥一萬二千石。用車十二輛。每輛載三石。日行八十里。四十日運完。今有麥三萬石。車十六輛。每輛載四石。日行六十里。問幾日運完。　曰七十五日。

法用互乘。

原一萬二千 — 十二車 互三十六萬輛 — 三石 互一百零八萬石 — 八十里 互八千六百四十萬里

互三六

今三萬 — 十六車 互十九萬二千輛 — 四石 互七十六萬八千石 — 六十里 互四千六百零八萬里

於是以互得四千六百零八萬里爲首率。以原四十日爲次率。以互得八千六百四十萬里爲三率求得七十五日爲四率。

此合四比例爲一比例也。第一次麥數。二次車數。三次載數。四次里數。

原一萬二千石	今十六車	今四石	今六十里
原四十日	原一百日	原七十五日	原五十六日二五
今三萬石	原十二車	原三石	原八十里
今一百日	今七十五日	今五十六日二五	今七十五日

合之

今四千六百零八萬里	原四十日
原八千六百四十萬里	今七十五日

正比例帶分

(一)如人行路行過五分之二係八十里。問總里若干。　曰

二百里。

一	二分
二	八十里
三	五分
四	二百里

二分而得八十里。則五分之為二百里可知。

算迪卷一　粤雅堂校刊

㊁如原米三分石之二賣銀七分兩之五今有米四分石之三問該銀若干　曰五十六分兩之四十五

一　三分石之二　照通分乘法第二條

二　七分兩之五　以二率分母七乘三

三　四分石之三　率分母四得二十八

四　五十六分兩之四十五　為母又以兩分子五乘三得十五為子再照通分除法內捷法算之即得

轉比例帶分

㊀如原有門簾用布一丈二尺其幅寬一尺五寸今作一新簾其布比原布寬七分尺之三問應長若干　曰九尺又三分尺之一

法以。原寬一尺五寸。用分母七通爲十分半。加入分子三。得今寬一十三分半爲一率。

一　今寬十三分半

二　原長一丈二尺

三　原寬十分零五

四　今長九尺又一百三十五分尺之四十五。約之爲三分尺之一。

㊁如城守兵一營。其糧可支一年又七分年之二。今汰去兵三分之一。問可支若干年月。　曰一年又七分年之六分半。

法先以年分母七通一年爲七分。加入分子二。共九

分爲七分年之九又以兵分子一減分母三餘二爲三分兵之二乃現存兵數因兩分母不同故用互乘以齊之

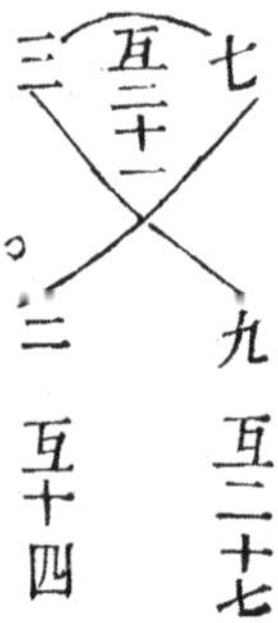

化七分年之九爲二十一分年之二十七爲原年數又化三分兵之二爲二十一分兵之十四爲今存兵數於是以今存兵十四分爲一率以原年數二十七分爲二率以原兵二十一分爲三率求得四率四十分半以滿分母二十一分收爲一年餘十九分半約之爲七分年之六分半

一　今存兵十四分

二　原年數二十七分
三　原兵二十一分
四　今年數四十分半

按分差分

曰二八差分。如甲乙二人分物。甲衰二。乙衰八。併得十分爲法除物。得每分若干。乃以甲衰二乘之。得甲數。若以乙衰八乘之。得乙數是也。若令甲乙丙三人分之。則甲衰二。乙衰八。丙衰三十二。何以知爲三十二。曰二之比八。若八之與三十二。皆四倍之比例也。法以二除八得四。而以八乘之。卽得。下倣此。此乃連比例四率也。併得四十二分。以除物。而後以各衰乘之。四人則丁衰爲一百二十八。以二比八。若三十二與一百二十八也。五人以上可推。皆照上連比例四率法求之。

法倣一八差分

㈡一曰四六差分。甲衰四。乙衰六。丙衰九。丁衰一十三半。

㈢一曰三七差分。甲衰三。乙衰七。若三人則丙難以取衰。取衰例用連比例四率。以三除七不盡則難算也。遂變甲衰爲九。三個三也。乙衰爲二十一。七個三也。丙衰爲四十九。以三除二十一。而以七乘之。即得。蓋三比七。若二十一與四十九也。◯二十一。七個三也。四十九。七個七也。◯二十一。乃三乘七所得。故以三除之而必盡。此法之所以變也。若四人。則又變甲衰爲二十七。三個九也。乙衰爲六十三。七個九也。又三個二十一也。丙衰爲一百四十七。七個二十一也。又三個四十九也。丁衰爲三百四十三。七個四十九也。

按數理精蘊算法原本二卷弟十六節謂如有三五

兩數。欲求相連比例三數法。以三自乘得九爲甲數。以三乘五得十五爲乙數。以五自乘得二十五爲丙數。則九之比十五。九者三个三也。十五者五个三也。若十五之比二十五。皆三與五之比例也。十五者三个五。二十五者五个五也。又或以有上項九十五二十五之三數。欲求弟四數法。以三乘九得二十七。三乘十五得四十五。三乘二十五得七十五。復以五乘九得四十五。五乘十五得七十五。五乘二十五得一百二十五。所得六數內四十五七十五皆相重。止用其一。則二十七三个九也。四十五五个九也。又三个十五也。七十五五个十五也。又三个二十五也。一百二十五五个二十五也。之四數亦皆三五相連比例也。凡欲求相連比例而

歸除不盡者以此法施之

遞折差分

㊀如數人分物甲得一千分乙六百分丙得三百六十分丁得二百一十六分並以十分之六爲率乃六折差分也四衰相併得二千一百七十六分以除總物得每分若干而以各衰乘之得所求數其二折三折四八九等折倣此五折入下條

加倍減半差分

㊀加倍者甲衰一乙衰二丙衰四丁衰八並加倍也併四衰共得十五分以除總物得每分若干以各衰乘之得所求

如爲商三次每次得利比本銀加一倍每次買田二百兩買三次本利恰盡問原本若干　曰一百七十五兩

法以一爲本銀衰數二爲第一次本利共數四爲第二次本利共數八爲第三次本利共數此入之分數也又以一分爲第三次買田之率一个二百也若不買田則存此二百二爲第二次買田之率二个二百也若不買田則得利一倍故爲二个二百矣四爲第三次買田之率四个二百也若不買田則得利四倍故爲四个二百併之得七以乘每次二百兩得一千四百兩此出之實數也出而本利俱盡則入之實數止此可知於是以入之分數八除之而得本銀一百七十五兩

㈡減半者甲衰八乙衰四丙衰二丁衰一也併各衰數以除總物見得數乃以各衰乘之如有銀三千一百六十兩分與三等人上等二十名每名得四分中等二十四名每名得二分下等三十名每名得一分問中等每名若干

法以四爲上衰乘二十名得八十分二爲中衰乘二十四名得四十八分一爲下衰乘三十名仍得三十分併之共得一百五十八分以除銀得每分二十兩以中衰二乘之得中等每名四十兩

遞加遞減差分

㈠如有金六十兩令五人依次遞加五兩分之問各得若

干。曰甲得二兩。乙得七兩。丙得十二兩。丁得十七兩。戊得二十二兩

法以五人分六十兩。見一人得十二兩。乃丙中率數。加五兩爲丁數。再加五兩爲戊數。若丙減五兩爲乙數。再減五兩爲甲數。蓋凡奇位如三五七九之類。其中率之數必爲平分之數也。如一二三。其中率二。必合三歸平分之數。一二三四五。其中率三。必合五歸平分之數也。

（二）如有銀九百九十六錠。分給八人。自末名已上依次遞加十七錠。問首末二人各該若干

法以八人除銀數。得每人一百二十四兩五錢。爲丁戊二人相和折半之數。乃以遞加率十七折半得八

錠半。加入一百二十四錠半內。卽得戊數。知戊數而餘可求。蓋遞加十七得己庚辛。遞減十七得丁丙乙甲者。看下圖可明。

甲六十五錠

乙八十二錠

丙九十九錠

丁一百一十六錠 ⟩ 相併折半得一百二十四錠半。

戊一百三十三錠 ⟩ 加八錠半得戊一百三十三錠。

己一百五十錠

庚一百六十七錠

辛一百八十四錠

凡偶位其中二率。相併折半。與首末二率相併折半同。

超位加減差分。已上各款俱有定率。此則無定。

(一)如爲商三次。初次獲利比原本多二倍。二次獲利比初次本利共數多四倍。三次獲利比二次本利共數多三倍。共計獲本利銀九百兩。問原本銀若干　曰十五兩。

法以一分爲原本銀。如一兩。加二倍。得三分。爲初次本利共數。如三兩。又照三分加四倍。得十五分。爲二次本利共數。如十五兩。四三加一十二兩連前次本利。共十五兩也。又照十五兩加三倍。得六十分。爲三次本利共數。以除九百兩。得原本銀十五兩。

互和折半差分將首末二數。合併折半。卽中率也。如一二三。將一三併折。卽得中率二。凡奇數倣此

○一如有兵二萬三千八百名。令五營遞減分統。其甲營比戊營多三千三百六十名。問各營兵數。　曰甲六千四百四十名。　乙五千六百名。　丙四千七百六十名。　丁三千九百二十名。　戊三千零八十名

法以五營除兵數。得四千七百六十名。爲丙營中率。又以甲多戊三千三百六十名。以四除之。得八百四十名。爲遞加遞減之數。甲多乙一个八百四十名。多丙二个八百四十名。多丁三个八百四十名。多戊四个八百四十名也。於丙營加之。得乙營數。再加之。

得甲營數。若於丙營減之。得丁營數。再減之。得戊營數。

（二）如有田一百九十八畝。令六人挨次遞減耕之。己比甲減三十畝。問乙數。　曰四十二畝

法以六人除田數。得三十三畝。乃丙丁中二人共耕折半之數。次以己少甲三十畝。以五歸之。得六畝。折半得三畝。加於三十三畝。得三十六畝。爲丙耕數。再加六畝。得四十二畝。即乙耕數也。看遞加遞減差分第二條便明。

首尾互準差分　上法有總人總物。有首尾二人之較。此法有總人。無總物。有首尾二人之率。或首幾人尾幾人之數。

（一）如五人遞次分銀。但知甲得四十兩。戊得二十四兩。問

乙丙丁各若干。　曰乙三十六兩。　丙三十二兩。

丁二十八兩

法以四分爲甲多於戊之衰。甲多乙一分。多丙二分。多丁三分。多戊四分也。如六人則用五衰。七人則用六衰。爲法以甲戊兩銀數相減餘十六兩爲實。法除實得四兩。乃遞加數也。以加戊銀卽得丁數。再加得丙數。再加得乙數。

一法。併甲戊數折半得丙數。又併甲丙數折半得乙數。又併丙戊數折半得丁數。此卽上互和折半之法。凡位數奇者皆可用。

㊁如七人遞減運糧。但知甲乙共運二十三石七斗。戊己庚共運二十六石一斗。問各若干。　曰甲十二石二

斗。乙十一石五斗。丙十石零八斗。丁十石一
斗。戊九石四斗。己八石七斗。庚八石。
法以二十三石七斗折半得十一石八斗五升爲甲
乙相和折半之數。卽借爲甲運數。又以二十六石一
斗。三歸之。得八石七斗。卽己運數。於十一石八斗五
升內減己八石七斗。餘三石一斗五升。爲實。乃甲比
己多運之數也。又以甲多己四分半爲法。甲至己共六人照上條論之。六人應用五衰。蓋戊多己一分。丁多己二分。丙多己三分。乙多己四分。加甲多乙一分。共五分也。因甲與乙相和折半。則甲之十一石八斗。乃減半分與乙。所存者是據甲現存五和之十一石八斗五升言之。止多乙半分。加乙多己四分。實共四分半也。故以四分半爲法。法除實得七斗。於
己八石七斗數內減之。餘八石爲庚數。若加之。則爲

戊數。餘可知。○此條若問云。甲乙丙共運三十四石五斗。已庚共運一十六石七斗。則以三歸甲乙丙數。（得十一石五斗爲乙數。）五因己庚數。（得八石三斗五升。借爲庚數。）相減餘爲實。（餘三石一斗五升。）餘照前法。（戊多己一分。丁多己二分。丙多己三分。乙多己四分。加己多庚半分。共四分半也。）若問云甲乙共三十三石七斗。已庚共十六石七斗。則俱折半借作甲數庚數。（甲十一石八斗五升。庚八石三斗五升。）相減餘爲實。（餘三石五升。）以五分爲法除之。（七人應用六衰。因互和折半之故。甲止多乙半分。己止多庚半分。共少一分也。）餘法照前若問云甲乙二人共運若干。丁戊己庚四人共運若干。則以四人運數四歸之爲戊己二人互和減半之數餘照前。

㊂如有米二百四十石。令五人遞減納之。定甲乙所納。與丙丁戊所納等。問各數。曰甲六十四石。　乙五十六石。　丙四十八石。　丁四十石。　戊三十二石

法。併甲多戊四分。乙多戊三分。得七分。又併丙多戊二分。丁多戊一分。得三分。相減餘四分。是丙丁二人少於甲乙二人之分數也。則所納應比甲乙爲少。然以二人三人相減。餘一人。是丙丁得一人之助。而所納遂與甲乙等也。夫少四分而多一人。而其數遂相等。則四分卽爲戊一人之數明矣。於是以一人爲法。四分爲實。除得戊納米四分。加丁五分。丁多戊一分。故爲五分。丙六分。共十五分。又乙七分。甲六分。亦共十五分。二

共三十分。以除總米二百四十石。得每分八石。以甲八分因之得六十四石。餘可知。

按此可照上條法以甲乙所納一半折半得六十石。爲甲乙互和折半數以丙丁戊所納一半三歸之得四十石。爲丁納數相減餘二十石爲實。而以二分半爲法除之。丙多丁一分。乙多丁二分。加甲多乙半分也。得八石爲遞加之衰。

和數比例和併也。併衆衰以比總數。而求每數也。

〇一 如甲乙丙合本爲商共得利三千二百二十兩。甲本銀三千六百兩。乙本銀五百一十兩。丙本銀不知數。但知該分利四百八十兩。問丙本銀若干。 曰七百二十兩。

法於總利內減丙利。餘二千七百四十兩爲法。併甲乙二人本銀得四千一百一十兩爲實。法除實。見每利一百兩得本銀一百五十兩。以丙利四百八十兩乘之。得丙本七百二十兩。法爲以共利比共本。若各利比各本也。

(二)如甲乙丙合本生理。甲本二百兩。八个月。又四十兩。六个月。乙本三百二十兩。六个月。又八十兩。五个月。丙本一百六十兩。十个月。共得利三百六十兩。問各該利若干。　曰甲一百一十五兩。　乙一百四十五兩。

丙一百兩。

法以甲本二百兩。乘八个月。得一千六百兩。一个月二百兩。

八个月共一千六百兩也又以四十兩乘六个月得二百四十兩併得一千八百四十兩為甲衰照此法又併得乙衰二千三百二十兩丙衰一千六百兩合三衰共得五千七百六十兩為法以除利銀三百六十兩見每本銀一兩得利銀六錢二分五釐以甲衰乘之得甲數餘倣此法以為共本比共利若各本比各利也

㊂如三人合本共得利一千兩內甲本三百兩十个月得利五百兩乙本六百兩得利三百兩丙本四百兩得利二百兩俱不知月分請推算　曰乙丙均三个月

法以甲本三百乘十个月得三千兩為實以利銀五百除之見每利銀一兩得本六兩以乙利三百乘之

得一千八百兩。爲乙本六百兩乘月分之數。以乙本六百兩除之得三个月。丙做此。法爲以彼利比彼本。若此利比此本也。似與上二條異。然彼此之本。皆兩數相乘。以成率者。兩數混而爲一。則亦謂之和也。

㊃如二人相隔一千四百里。同日起身相訪。甲日行八十里。乙日行六十里。問途中幾日相遇。　曰十日。

法併八十六十得一百四十里。爲一日行數。以除一千四百里得十日。法爲一百四十里比一日。若一千四百里比十日也。

㊄如銀一千二百兩買絹一分。每匹價銀二兩四錢。綾二分。每匹價銀三兩六錢。問各若干匹。　曰絹一百二十五匹。　綾二百五十匹。

法倍綾價得七兩二錢。加入絹價二兩四錢。共九兩六錢爲法。以除一千二百兩。得一百二十五匹。蓋逢九兩六錢卽得絹一匹綾二匹。則一百二十五匹乃絹數。倍之爲綾數。可知矣。法爲九兩六錢之比一匹。若一千二百兩之比一百二十五匹也。已上二條亦謂之和者。以首率皆合率也。

⑥如四人分銀七百八十五兩。乙得甲十分之七。丙得乙十四分之三。丁得乙十二分之九。問各若干。曰甲四百兩。乙二百八十兩。丙六十兩。丁四十五兩。

法用三分母互乘。得一千六百八十分。爲甲衰。取甲十分之七。得一千一百七十六。爲乙衰。取乙十四分之三。得二百五十二。爲丙衰。又取丙十二分之九。得

一百八十九爲丁衰併四衰以除總銀而以各衰乘之卽得法爲合衆衰比總銀若各衰比各銀也

㈦如五處共輸粟二千石以田畝之多寡田多者輸多少者輸少也道里之遠近遠則脚價多近則脚價少粟價之貴賤均輸之甲田一萬三千零六十畝粟每石價銀二兩自輸本處則無運脚矣乙田一萬二千三百一十二畝粟每石價銀一兩至輸所二百里丙田七千一百八十二畝粟每石價銀一兩二錢至輸所一百五十里丁田一萬三千三百三十八畝粟每石價銀一兩七錢至輸所二百五十里戊田五千一百三十畝粟每石價銀一兩三錢至輸所一百五十里每石每里車價四釐請問各該

輸若干。曰甲五百二十二石四斗。乙五百四十七石二斗。丙三百一十九石二斗。丁三百九十五石二斗。戊二百一十六石

法以甲粟每石價二兩歸除田一萬三千零六十畝。得六千五百三十石爲甲衰本論田輸粟。假如每畝應輸一石。則一萬三千零六十畝。卽當作一萬三千零六十石看矣。然粟有貴賤不同。則又當論價。設每石而價一兩。則一萬三千零六十畝。又當作一萬三千零六十兩看矣。今價係二兩。故逢二而進一石也。次以乙里數乘車價得八錢。併入粟價一兩共一兩八錢。歸除乙田得數爲乙衰。依此法再求得丙丁戊各衰。乃合五衰得二萬五千石。以除總粟二千石見每石應輸八升。乃以各衰乘之得各數。法爲合衆衰比總米。若各

衰之比各米也。

附就物抽分

○如買米八十四石。每石價銀一兩四錢七分。運價一錢三分。今欲抽米準折運價。問該抽運腳米若干　曰腳米六石八斗二升五合。

法以運腳一錢三分。乘總米得十兩零九錢二分。乃併米價腳價共一兩六錢。爲法除之。得腳米數。法爲合正價腳價。以比正米腳米價。若獨以腳價比腳米也。因首次率皆合數。故附於和數

較數比例　舊名匿價差分。

㊀如錢買綾羅二色。綾七尺。羅九尺。兩價相等。但知綾價

每尺比羅每尺多三十六文。問各價。　曰綾每尺一百六十二文　羅每尺一百二十六文　法列四率

一率　二尺以綾羅相減得之

二率　三十六文

三率　七尺乘得二百五十二文

四率　一百二十六文

綾一尺比羅一尺多三十六文。則綾七尺比羅七尺。必共多二百五十二文也。而羅多二尺。則價相等。是二百五十二文。乃羅二尺之價也。故以二尺除之。

㊁如有麥十八石。豆二十二石。兩價相等。如交換五石。則兩邊俱差一兩六錢麥邊少一兩六錢豆邊多一兩六錢。問每石價。

曰麥每石價一兩七錢六分。　豆每石價一兩四錢

四分。

一率	五石
二率	一兩六錢
三率	麥十八石
四率	五兩七錢六分

一率	豆四石（二十二減十八之餘）
二率	五兩七錢六分
三率	一石
四率	一兩四錢四分（豆價）

按麥每石價比豆每石多三錢二分。則麥五石比豆五石必多一兩六錢。麥十八石比豆十八石必多五兩七錢六分矣。而豆多四石即價相等。是五兩七錢六分乃豆四石之價也。故以四石除之而見豆一石之價。於是以二十二石乘之而得其價三十一兩六錢八分。與麥十八石之價

等。以麥卜八石除之。得麥每石價。

（三）今有金四錠。銀六錠。其重同。若交易其一。則銀重於金六兩。問各重若干。　曰金銀各重三十六兩。金每錠九兩。銀每錠六兩。

法以相差六兩。折半得三兩。爲首率。餘同上條。按此與上條無異。但問語不同耳。若將此條問語。改云交換一錠。則兩邊俱差三兩。或將上條問語。改云交換五石。則豆多三兩二錢。則兩問一樣矣。

（四）如三人合本爲商。共得利銀四百兩。乙比甲多分十二兩。丙比乙又多分十六兩。問各利若干。　曰甲一百二十兩。乙一百三十二兩。丙一百四十八兩。

法併十二兩與二十八兩。丙多乙十六。又多甲十二。共二十八也。得四十兩。於總利內減去。餘三百六十兩。三人平分之。得甲一百二十兩。而餘可知。

⑤如甲日行九十五里。乙日行七十五里。今乙先行八日。問甲幾日追及。　曰三十日。

法以

一率　二十里兩率相減之餘

二率　一日

三率　六百里八日乘七十五里得之

四率　三十日

⑥如一人步行。先行三十七里。一人騎馬追至一百五十四里。尚不及二十三里。問追及之里數若干。　曰二

百五十三里。
一率　十四里　二十三與三十七相減之餘
二率　一百五十四里
三率　二十三里
四率　二百五十三里

步行者先行三十七里而騎馬者追之止不及二十三里是已追過十四里也追過十四里必須行一百五十四里則不及之二十三里必須行二百五十三里乃及也

㊆如一人行路步行則三十日可到騎行則二十日可到。今行二十六日到問步行騎行日數各若干　曰步行十八日　騎行八日。

一率　十日　二十三十相減之餘

步行比騎行遲十

二率　三十日

三率　六日（今行二十六日與騎行二十日較多六日）

四率　十八日（步行日數）

日而步行爲三十日。則步行比騎行遲六日。而步行爲十八日可知矣。

或改用

一率　十日

二率　二十日

三率　四日

四率　八日

騎行比步早十日。而騎行爲二十日則早四日。而騎行爲八日可知。

㊇如上等酒每斤價銀五分。下等酒每斤價銀三分。今二等酒相合一處。共重一百二十斤。每斤價銀三分六

甕問二等酒各若干。曰上等三十六斤。下等八十四斤。

一率　一分（五分三分相減之餘）

二率　一百二十斤

三率　六甕（每斤三分六甕與下等三分相減之餘）

四率　三十六斤（上等酒數）

每斤三分六甕。比下價多六甕。以一百二十斤乘之。共多七錢二分。此乃上等酒所多價。故以上等每斤多二分除之。而得上等酒三十六斤也。

⑨如有布三百一十匹。每匹長四十尺。但知每匹扣運費二尺。共去一十六匹。復找回錢六百文。問每匹價錢若干。曰一千二百文。

一率　二十尺　以總布乘運費二尺得六百
二率　六百文　二十尺。又以扣去十六匹乘
三率　四十尺　每匹四十尺。得六百四十尺。
四率　一千二百文　二數相減見扣多二十尺扣
多二十尺。而找回錢六百文則六百文乃二十尺之
價。而四十尺之價。爲一千二百文可知矣

⑩如甲本銀比乙多一倍零八兩。共得利銀二十二兩。甲分十六兩。乙分六兩。問各本。　曰甲三十二兩　乙十二兩。

法以乙利六兩。倍之。與甲利十六兩相減餘四兩以除所零八兩見每利一兩得本銀二兩以各利乘之

得數。

（十二）如三股分銀甲股八人。乙股六人。丙股九人。乙每人所得。如甲每人三分之二。丙每人所得。如乙每人四分之一。乙六人比丙九人共多三百兩問每股若干

曰甲股九百六十兩　乙股四百八十兩　丙股一百八十兩

法以一。分母互乘得十二。為甲每人之衰三歸而二因之得八分為乙每人之衰又四歸八分而一因之。得二分為丙每人之衰。乃以各人數乘各衰數甲得九十六分。乙得四十八分。丙得十八分。乃以丙十八分與乙四十八分相減餘三十分。為法除多銀三百

兩見每分得十兩以甲九十六分乘之得甲股數而餘可知

（十二）如有田一百二十畝一人日耕四畝一人日種六畝欲令同時完工問耕者該先幾日起工　曰十日

法以每日種六畝除一百二十畝得二十日又以每日耕四畝除一百二十日得三十日相減得十日然用除兩次恐有不盡變法用互乘如下圖

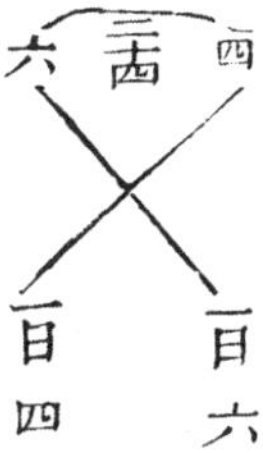

變一日耕四畝爲六日耕二十四畝變一日耕六畝爲四日種二十四畝於是以四率列之

一率　二十四畝

以二十四畝言之耕者當

二率　二日（四日與六日相乘之餘）先二日。則以一百二十畝。

三率　一百二十畝　言之耕者當先十日矣。

四率　十日

和較比例（九章算法。一名貴賤差分。一名貴賤相和。於和數中推和較數。因較數而成比例也。）

㊀如有銀四十六兩。買米麥共五十石。米每石價銀一兩。麥每石價銀八錢。問米麥各若干。　曰米三十石。麥二十石。

法以總五十石乘米價得五十兩。與原價相減。原價少四兩。（原五十石內有麥二十石。今亦作米算之。則每石多價二錢。二十石共多價四兩。在米言之則爲多。而在麥言之則爲少也。）又以五十石乘麥價得四十兩與原價相減。而原價多六兩。（原五十石內。有米三十石。今亦作麥算。必少價六兩。）

在麥言之則爲少。而在米言之則爲多也。二數相併。得十兩爲一率。五十石爲二率。

一率	十兩
二率	五十石
三率	多六兩
四率	三十石

五十石俱米。則價五十兩。若俱麥。則價四十兩。是米五十石較麥五十石。其價多十兩也。價多十兩而米爲五十石。則多六兩而米爲三十石可知矣。

一率	十兩
二率	五十石
三率	少四兩
四率	二十石

又價少十兩。而麥爲五十石。則少四兩而麥爲二十石可知矣。

又法以二價相減餘二錢爲一率。以一石爲次率。又以五十石俱用米價乘之。得五十兩。減原價四十六兩餘四兩爲三率。此四兩。乃以麥。乘米價每一石浮二錢。之數。求得四率麥二十石。麥乘米價每石浮二錢。夫浮二錢而麥爲一石。則浮四兩而麥必爲二十石矣。以減總五十石。餘爲米數。若五十石皆作麥價乘之。與原價相減。不足六兩。乃米乘麥價每石損二錢之數。以二價相減餘二錢除之。則先得米三十石。

（二）如鷄兎同籠。共足一百。即上條之共銀。共頭三十六。即上條共五十石。問鷄兎各足幾何。不言兎四足鷄二足者。人所共知也。

法照上條。

（三）如有玉在石中。石正方四寸。自乘再乘得積六十四寸。即首條之共五十石。重一百六十兩零八錢。卽首條之共銀。問玉有若干。方不言玉立方一寸重二兩六錢。石立方一寸重二兩五錢者。亦以此爲算者所必知也。
法照首條。

(四)如有金器一件。内有銀相參合。共重一百七十兩。問金銀各重若干。此與玉石條同。當求出共積若干寸。
法用一桶盛水令滿。投金器入内。看溢出之水。得立方寸若干。假如得十二寸。卽爲金銀共積。又金立方一寸重十六兩八錢。銀立方一寸重九兩。當知

(五)如有金三百兩。係九六成色。今用九九成色及九一成色二等金與換。問各用金若干。曰九九色金一百八十七兩五錢。九一色金一百一十二兩五錢

法以九六色乘三百兩。得二百八十八兩。為十成金數。三百兩。九六色金也。如首條之五十石。二百八十八兩。十成金也。如首條之四十六兩。以九六金易十成金。如首條之以米麥易銀。方照首條。又法。以三百兩俱用九九色乘之。得二百九十七兩。與原金二百八十八兩相減。餘九兩。為實。又以二色相減。餘八錢為法。法除實。得九一色金一百一十二兩五錢。於三百兩內減之。餘為九九色金數。

㊅如甲有金一兩。可準銀十二兩。乙有金一兩。可準銀八兩。今欲鎔為一處。令金一兩。如首條之米麥總數。可準銀九兩。如首條之總銀數。問每金一兩。甲出若干。乙出若干。 曰甲出二錢五分 乙出七錢五分

法以九兩爲中數。如首條之原價。與十兩相較。少三兩。與八兩相較多一兩。併多少二數得四兩爲一率。金一兩爲二率。

一率　四兩

二率　一兩

三率　少三兩

四率　七錢五分乙所出數。

準少四兩。而乙爲一兩。則準少三兩。而乙必爲七錢五分矣。已上皆貴賤差分法。

⑦如僧一百人。給饅頭一百个。大僧一人給三个。小僧三人給一个。問大小僧各若干。　曰大僧二十五人小僧七十五人。

法用互乘

變大僧一人三个。為三人九个。

小僧三人仍得一个。又以分母三。通原一百个。為三百个。於是以百人俱作大僧乘九个。得九百个。與原三百个相減。原數少六百个。又以百人作小僧乘一个。得一百个。與原三百个相減。原數多二百个。合多少共八百个。乃以八百个為首率。一百人為二率。蓋大僧比小僧多八百个。而大僧為一百人。則多二百个。而大僧之為二十五人可知。又小僧比大僧少八百个。而小僧為一百人。則少六百个。而小僧為七十五人可知也。

一率 八百个

二率　一百人
三率　二百八　六百个
四率　二十五人　七十五人
又法亦用互乘乘畢以一个九个相減餘八个爲一率以三人爲次率又以原共百人乘大僧每人三个得三百个以原共百个乘大僧一人如故與三百个相減餘二百个爲三率求得四率小僧七十五人何者小僧三人共得一个今互乘而得九个是較互乘九个而浮八个也浮八个爲三人則浮二百个必爲七十五人矣
若先求大僧則以一人爲次率以原共一百人乘小

僧每人一个。仍得一百个。以原共百个。乘大僧三人。得三百个。與相乘仍得之一百个相減。餘二百个。為三率。蓋人僧一人得三个。今互乘而得一个。是較互乘之九个而缺八个也。缺八个為九人。則缺二百个。必為二十五人矣。

(八)如有大小船桅共五十七。如百僧。槳共二百零四。如饅頭百。但知大船每隻三桅六槳。如大僧一人饅頭三个。小船每隻一桅八槳。問大小船數。曰大船十四隻。照上條法求得大船桅四十二條。三歸之。得船數。小船十五隻。於總桅五十七內減大船桅四十二。餘十五桅。即小船十五隻。

已上二條名貴賤相和。已下各條與此不同。以其皆於和中，求較而乘比例。故以類相從，繫之於末。

(九)如有兵三千四百七十四名，每三人賞衣絹七十尺，每四人給褲絹五十尺。問總給絹若干。　曰十二萬四千四百八十五尺。

法用互乘。

三人　互十二人　四人

七十尺　五十尺

二百八十尺　一百五十尺

併得四百三十尺

次列四率。

一率　十二人三互四所得

二率　四百三十尺

三率　三千四百七十四名

四率　十二萬四千四百八十五尺

(十)如賞人飯肉共一百碗。如上條之總絹但知二人共飯一碗。如上條之衣絹。三人共肉一碗。如上條之褌絹。問人數及二項碗數。

曰一百二十人飯六十碗。肉四十碗。

法用互乘。

二人　飯一碗三
三人　肉一碗二
互六人
併得五碗

次用四率。

一率　五碗

二率　六人

三率　一百碗

得人數一百二十人爲實。以二人除之得飯碗數。以三人除之得肉碗數。

四率　一百二十八

(十一)如賞人茶飯酒共一千三百三十八碗。但知三人共茶一碗。五人共酒三碗。七人共飯六碗。問人數及各項碗數。

法用維乘。照通分併法弟三條。餘同上法。

(十二)如大燈三盞共用油四兩。小燈四盞共油三兩。如弟六條大僧一人饅頭三个。小僧三人饅頭一个。共用油十八斤零七兩。如共饅頭一百个。其大燈居二分小燈居三分。此如大僧二十五。小僧七十五。而不言共僧一百。問大小燈各若干。　曰大燈一百二十盞小燈一百八十盞。

法用互乘。

變大燈三盞用油四兩。爲大燈十二盞用油十六兩。以大燈二

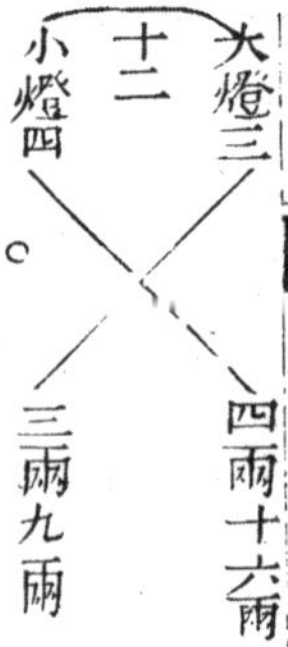

分乘之得三十二兩。變小燈四盞用油三兩。爲小燈十二盞用油九兩。以小燈三分乘之得二十七兩。併二數共五十九兩。

一率　油五十九兩

二率　大燈二十四盞

三率　油二百九十五兩通十八斤七兩得此

四率　大燈一百二十盞

油五十九兩。而大燈爲二十四盞。則油二百九十五兩而大燈爲一百二十盞可知矣。若次率用小燈三十六盞則四率得小燈數。

⑬如銀二十五兩三錢。買銅鐵。其重相等。鐵三斤價銀四錢。銅二斤價銀五錢。問各斤數。　曰各六十六斤。

法用互乘。

鐵三斤　四錢　八錢

互六斤

銅二斤　五錢　二兩五錢

併二兩三錢

次列四率

一率　二兩三錢

二率　六斤

三率　二十五兩三錢

四率　六十六斤。

⑭如有米九百石。令二處照價貴賤納之。其所納之銀相

等。甲處米價每石五錢。乙處每石七錢。問各米數及共價。曰甲納五百二十三石。乙納三百七十五石。價各二百六十二兩五錢。

法用互乘。

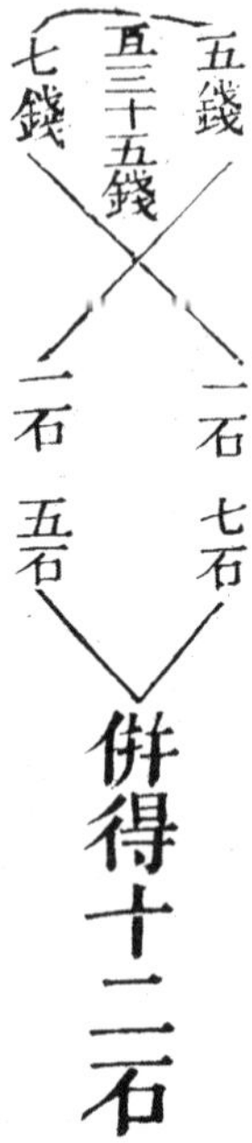

次用四率

一率	十二石	十二石	十二石
二率	五石	七石	三兩五錢
三率	九百石	九百石	九百石
四率	三百七十五石乙數	五百二十五石甲數	二百六十二兩五錢

（十五）如空車日行九十里。重車日行六十里。今載米至倉。往乃重車返乃空車十日。問距倉路遠若干。曰倉遠三百六十里。

法用互乘

九十里　一日　六十日

五千四百里

六十日　一日　九十日

一百五十日

次用四率

一率　一百五十日

二率　五千四百里

三率　十日

四率　三百六十里

此六日往重車日行六十里。六日共行三百六十里也。四日返空車日行九十里。四日共行三百六十里也。

⑯如重車日行五十里。輕車日行七十五里。今載米至倉。五十日往返三次問距倉里數。 曰五十里

法用互乘。

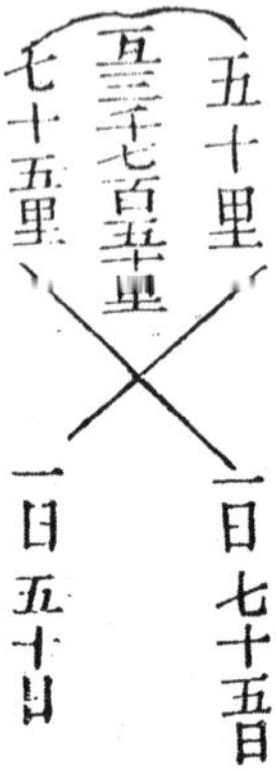

併得一百二十五日

次用四率

一率 一百二十五日

二率 三千七百五十里

三率 五日

四率 一日五十里

一率　三次
二率　一百五十里
三率　一次
四率　五十里

盈朒

㊀如有人分銀不知人數與銀數只云每人分五兩則適足每人分六兩則少四兩問人數及銀數　曰四人
銀二十兩

法以分率五兩六兩相減餘一兩為總法
若先求人數則以所少四兩為人實以總法除人實得所求蓋每人多取一兩四人共多取四兩故銀不

足四兩。則因不足四兩。卽知多取者爲四人也。若先求銀數。則以分五兩互乘少四兩得二十兩爲物實。以總法除物實。得所求。詳下

分五兩　適足　適足
互三十兩
分六兩　少四兩　少二十兩

此變四人分銀二十兩。每人得六兩。而少四兩。爲四人分銀一百兩。每人得三十兩。而少二十兩。所得所少皆五倍原數。則原銀二十兩。亦當五之爲一百兩矣。變四人分銀二十兩。每人得五兩。而適足。爲四人分銀一百二十兩。每人得三十兩。而適足也。所得既六倍原數。則原銀二十兩。亦當六之爲一百二十兩矣。夫一百兩者。五个原銀二十兩也。一百二十兩者。六个原銀

十兩也。六个原銀而適足。五个原銀則不足二十兩。是此不足之二十兩。乃少一个原銀之數也。故以五減六。如以五个原銀與六个原銀相減。餘一个原銀為法。以除二十兩。而得銀數也。

此一朒一適足者。一盈一適足者倣此。

㊁若前問改云出銀買物。每人出五兩則適足。每人出六兩則多四兩。算法亦與上條無異。但彼云不足四兩。此云多四兩為異耳。蓋彼乃分銀。分少而總銀適足者。分多則總銀必朒。此乃出銀。出少而適合乎物價者。出多則必浮於物價。故問語不能無異也。

㊂又如人分銀。只云每人八兩。則少二兩。每人九兩。則少

六兩。問人數銀數。　曰四人　銀三十兩

法以八兩九兩相減。餘一兩爲總法。若先求人數則以少二兩六兩相減。餘四兩爲人實。法除實得四人

每人分少一兩。而總銀則止少二兩。若每人分多一兩。則總銀遂少六兩。是分少一兩。較多分一兩。所差四兩也。多一兩爲一人。則多四兩。非四人乎。

若先求銀數則用互乘。

八兩　少二兩　一十八兩

九兩　少六兩　四十八兩

互七十二兩

相減餘三十兩爲物實。

總法除物實。得總銀三十兩。蓋原數三十兩每人分八兩少二兩。今用九互之。乃九个原銀三十兩九个分八兩九兩九个少二兩也。又原數三十兩每人分九兩

少六兩。今用八互之。乃八个原銀三十兩。八个分九兩。八个少六兩也。夫九个三十兩。而少十兩。八个三十兩。則少四十八兩。相減餘三十兩。則此三十兩。乃九个八个相減餘一个之數。可知也。

此兩朒者。兩盈倣此。

(四)如人分銀。只云每人分七兩。則多四兩。每人分九兩。則少十二兩。問人數銀數。　曰八人。　銀六十兩。

法以七兩與九兩相減餘二兩。爲總法。若先求人數。則以多四兩與少十二兩相併得十六兩。爲人實。法除實得八人。蓋每人多取二兩。則八人必多十六兩。故可因十六兩而知八人也。

粵雅堂校刊

若先求銀數則法用互乘。

七兩　九兩　互六十三兩
多四兩三十六兩　少十二兩八十四兩

相併得一百二十兩爲物實總法除物實得銀數。蓋原銀六十兩。每人分七兩多四兩。今以九互之。乃九个原銀六十兩。九个分七兩。九个多四兩。變原數爲原銀五百四十兩。每人分六十三兩。多三十六兩也。又原銀六十兩。每人分九兩。少十二兩。今以七互之。乃七个原銀六十兩。七个分九兩。七个少十二兩。變原數爲原銀四百二十兩。每人分六十三兩。少八十四兩也。夫九个原銀。則多三十六。七个原銀。則少八十四。是少二个原銀而差一百二十兩也。二个原銀爲一百二十。則一个原銀之爲六十明矣。　一法先求適足。併多四少十二共十六爲一率。分七兩九兩相減餘二爲次率。多四兩爲三率。求得四率五錢。與所分七兩相加則適足。蓋八人每人分七兩而多四兩。因每人分少五錢也。今每人分多五錢。八人共多四兩。總銀適盡無餘矣。法爲十六兩之比二兩。若四兩之比五錢也。蓋每人分少二兩。而差十六兩。則每人分少五錢。不差四兩乎。可以少例差。亦可以差例少也。於是以五錢除四兩得八。卽爲八人。

此一盈一朒者。

㊄如衆人乘船渡河。猶云船載人。蓋此條之船。即上條之人。此條之人。即上條之銀也。勿誤看。每一船載十三人。猶上條之每人分銀七兩。則餘十二人。猶上條之多四兩。每一船載十八人則餘一船。猶云少十八人也。問人數船數。法同上條。題易迷人故疏之下倣此。

㊅如有銀買馬。但云每匹十五兩。則銀多二十兩。每匹二十兩。則適足。問馬數銀數。此與第二條。似同實異。蓋銀買物。與銀買馬同矣。而彼言每人。此言每馬。則異也。與第一條。似異實同。蓋人分銀。與銀買馬。異矣。而銀買馬。猶云馬分銀。則與人人分銀同也。

㊆如計日登程。猶言以日分路程。蓋以十二日分七百二十里。如人之分銀也。只云每日行五十五里。則離所欲至之地差六十里。每日行六十里則適足。問日數及路程各若干。

（八）如有直田一段欲截一頭作圓（按直字含有橫字在內橫之於直猶人之於銀蓋橫一步得直若干步猶每人得銀若干兩也言欲截亦含有所截之冪積若干步在內如言人分銀亦含有銀之總數在內也）只云截長十步（如言分銀十兩）不足三十步截長十二步適足問截積（猶總銀數）及原濶（猶人數）各若干

已上名單法已下名雙套法即盈朒之通分也

（九）如有人分銀只云每四人分銀三兩則盈三兩六錢每六人分銀九兩則朒五兩四錢問人數及銀數　曰十二人　銀十二兩六錢

法用互乘

四人　分三兩　一十八兩
互乘二十四人
六人　分九兩　三十六兩

相減餘十八兩爲總法

此變四人分三兩。爲二十四人分十八兩。變六人分九兩。爲二十四人分三十六兩也。蓋單法以兩分率相減餘爲總法。然兩分率皆一人之所得。此則三兩爲四人之所分。九兩爲六人之所分。參差不齊。故互之使皆爲二十四人。二十四人分十八兩。無異於四人分三兩。卽無異於一人分七錢五分（四人分三兩。每人得七錢五分。）二十四人分三十六兩。無異於六人分九兩。卽無異於一人分一兩五錢（六人分九兩。每人得一兩五錢。）可照單法算之也。

若先求人數。則併盈朒共九兩。以二十四人乘之。得二百十六。爲人實。總法除人實。得十二人（單法以每人分七錢五分。與每人分一兩五錢相減。餘七錢五分爲總法。以除人實九兩。得十二人。此則將一个七錢五分。變作二十四个七錢五分。共十八兩。爲法。將一个九兩。變作二十四个九兩爲實耳。既得人數則以四人除之。得三。三个四人也。以乘分三兩得九兩加盈三兩六錢即得銀數十二兩六錢

若先求銀數。又再互之

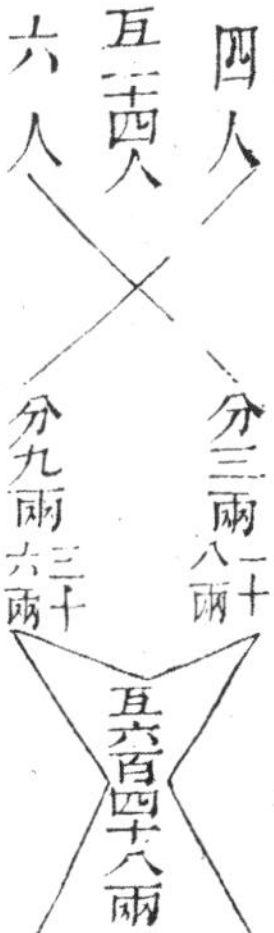

盈三兩六錢一百二十九兩六錢
朒五兩四錢九十七兩二錢
併二百二十六兩八錢爲物實

總法除物實得銀十二兩六錢。

此變原銀十二兩六錢。四人分三兩盈三兩六錢。爲原銀四百五十三兩六錢。三十六个十二兩六錢也。二十四人分六百四十八兩。猶云十二人分三百二十四兩。○原銀五百零四兩。而云二十四人分六

百四十八兩。浮於原數。其詞不順。改云十二八分三百二十四兩。則順矣。此注意也。盈一百二十九兩六錢。三百二十四兩。加一百二十九兩六錢。適合四百五十三兩六錢。又變原銀十二兩六錢。六八分九兩朒五兩四錢。爲原銀二百二十六兩八錢十八个十二兩六錢也。二十四八分六百四十八兩猶云十二八分三百二十四兩朒九十七兩二錢也三百二十四兩。減九十七兩二錢。餘二百二十六兩八錢。恰合。合盈一百二十九兩六錢朒九十七兩二錢。共差二百二十六兩八錢則以相差十八个原銀之故也。二十六个原銀。減十八个原銀。尚差十八个。十八个原銀差二百二十六兩八錢則一个原銀之差十二兩六錢可知矣法爲十八比二百二十六兩八錢。若一與一二六也又法以減餘之十八兩十八與三十六相減之餘爲一率互乘之十八兩六八五三兩所得。爲二率。盈朒相併得九兩爲三率求得四率九兩。加盈三兩六錢得十二兩六錢此蓋合率比例之法。併兩四率爲一四率也蓋原法以十八兩爲一率。二十四人爲二率。九兩爲三率求得十二人爲四率。見上先求人數。既得人數則又可用二十四人爲一率。十八兩爲二率。十二人爲三率。求得九兩爲四率。今併兩次四率爲一次四率如下圖說詳合率比例。

			合率
一率	一十八兩	二十四人（數同省去不用）	十八兩
一率	二十四人	一十八兩	十八兩
三率	九兩	十二人（數同省去不用）	九兩
四率	十二人	九兩	九兩

此一盈一朒者。其兩盈兩朒。一盈一適足。一朒一適足者。皆可推。 按單法亦有用通分者。雙法用通分矣。亦有再通者。詳難題。

算迪卷一

譚瑩玉生覆校

南海　何夢瑶　報之撰

借衰互徵

㊀如銀一百九十六兩。買駝四匹。馬六匹。驢十頭。馬每匹比驢價多一倍零二兩。駝每匹比馬價多一倍零四兩。問各價。　曰駝每匹銀二十四兩。　馬每匹銀十兩。　驢每頭銀四兩。

法借一衰爲驢價。以十頭因之。得十衰。借二衰零二兩爲馬價。以六匹因之。得十二衰又十二兩。借四衰零八兩爲駝價。倍馬之二衰零二兩爲四衰零四兩。又多四兩也。以四匹因之。得十六衰又三十二兩。共併得三十八衰爲一率。

又併駝馬多價共四十四兩。於總銀內減之。餘一百五十二兩爲二率。驢一衰爲三率。求得四率四兩爲驢價。而餘可知。

㈡如甲乙二人共果三百枚。但云甲數加六百枚。乙數加二百枚。則甲數比乙數多二倍。　曰甲二百二十五枚。乙七十五枚。

法借一爲乙衰。借三爲甲衰。併得四衰爲一率。併三百枚。六百枚。二百枚。共一千一百爲二率。乙衰一爲三率。求得四率二百七十五。減虛加之二百。餘七十五枚。爲乙實數。以七十五枚與三百枚相減。餘二百二十五枚爲甲數。

㊂如人云我比弟長二年。父年倍我又多兩歲。伯父兼我三人歲數再加四年整百歲。問各歲數。

曰弟二十二歲。　本人二十四歲。　父五十歲。　伯父九十六歲。

法借一衰爲其弟歲數。借一衰零二年爲本人歲數。倍之得二衰零四年。再加二年。得二衰零六年。爲其父歲數。併三人得四衰零八年。爲其伯歲數。卽以四衰爲一率。八年併再加之四年。共十二年。與百歲相減。餘八十八年。爲二率。其弟一衰爲三率。求得四率二十二。卽其弟歲數。而餘可知。

㊃如漏壺一具。上有渴烏注水。凡十二時而滿。下有一孔

通天池洩水。凡十八時而盡。若上注下洩。何時可得水滿。　曰三十六時。

法以十二時乘十八時。得二百一十六時。十二時一滿。以十八乘之。乃二百一十六時。滿十八次也。十八時一洩爲盡。以十二乘之。乃二百一十六時。洩十二次也。次率以十二時與十八時相減。餘六時爲首率。二百一十六時。滿十八次。洩十二次。一滿一洩對減去十二次。尚餘滿六次。是二百一十六時。滿六次也。一次爲三率。求得四率三十六時。滿六次爲二百一十六時。則滿一次爲三十六時可知矣。

(五)又如漏壺一座。注水於內。下有三孔。大孔流水二時而盡。中孔流水三時而盡。小孔流水六時而盡。若三孔齊開。問幾時而盡。　曰一時。

法以大孔二時。乘中孔三時。得六時。又以小孔六時。乘之得三十六時爲實。以大孔二時除實得盡十八次。以中孔三時除實。得盡十二次。以小孔六時除實得盡六次。併之共盡三十六次。卽當三十六壺。盡一壺爲一次。則盡三十六次。卽爲三十六壺也。爲法。法除實得每壺盡於一時也。

（六）如人行一百二十里。未盡。以行過路六分之一。與餘路三分之一相加。卽是未盡里數。問里數若干。　曰二十四里。

法以三分爲未行里數之衰。以十二分爲行過里數之衰。未行里數三分。今取三分之一。與行過六分之一相加。是將行過六分之一。抵足未行三分之二也。已行一分。可抵未行二分。則已行六分。可抵未行十二分矣。併得十五衰爲一率。以一百二十里爲二率。未盡里數三分爲三率。求得四率二十四里。

（七）如井深至底二丈六尺。猶上條之一百二十里。不知水深若干。猶上條未盡里數。但云自水面向上。猶上條行過之路。取三分之一。從水面往下。猶上條餘路。取四分之一。相併便是水深。問深若干。　法倣上條。

（八）如人問此時是何時刻。答曰。自子正到此時時刻折半。與自此時到午正三分之一。相加便是此時時刻。問畢竟是何時刻。　曰寅正三刻三分

法借二衰爲子正到此時衰數。折半者二分之一也。故以二分爲子正到

此時衰數。又借三衰爲此時到午正衰數。併之得五衰。爲子正到午正之數。爲一率。刻子正到午正得四十八刻。以每刻十五分乘之。得七百二十分。爲二率。以子正到此時二衰。爲三率。求得四率二百八十分。以每時一百二十分收之。得二時。餘四十四分。又以每刻十五分收之。得三刻零三分。合之爲二時三刻三分。乃自子正到此時刻數。卽寅正三刻三分也。

⑨如有羊一羣。不知數。但云取三分羣之一送人。又取四分羣之一賣銀。尚餘一千隻。問原數。　曰二千四百隻。

法以兩分母相乘。得十二爲總衰。將一羣分爲十二分也。以三除總衰十二得四。三分之一也。又以四除總衰十二得三。四分之一也。合之得七。於總衰內減去餘五衰爲一率。餘一千隻爲二率。十二衰爲三率。求得原數二千四百隻。

此問若改云。將送八之餘取四分之一。買銀尚餘一千隻。則於總衰十二內減三分一。餘八。又將八爲所餘羊衰。內減四分之一。餘六。卽以六爲一率。所餘一千爲二率。總衰十三爲三率。求得四率二千隻。

⊕如有田七百四十二畝。分種稻麥麻三者。麥得稻十分之七。麻得麥五分之三。問各若干。　曰稻三百五十畝。麥二百四十五畝。麻一百四十七畝。

法用互乘以分母五分互五十分得五十分又以分母五互分子七得三十五分是變麥得稻十之七爲五十分之三十五分也卽以五十分爲稻衰數又以麥衰三十五分五歸而三因之得二十一分爲麻衰數捷法不用五歸三因只將分子之七與之三相乘卽得二十一分爲麻衰蓋三十五乃分母五乘子之七所得以五乘七而又以五歸之不如不乘不除之爲便捷也合三衰共得一百零六衰爲一率以總田七百四十二畝爲二率稻衰五十爲三率求得四率三百五十畝爲稻田數若以麥衰三十五爲三率卽得麥田數

按此條理數精蘊法以分母十乘分子七得七十又乘分母五得三百五十又乘分子三得一千零五十

爲種稻衰數。比前法爲加二十一倍。蓋前法以五十爲稻衰。今以一千零五十爲稻衰。是二十一箇五十也。十歸而七因之得七百三十五爲麥衰。又將麥衰五歸而三因之得四百四十一爲麻衰。併三者得二千二百二十六爲一率。亦比前法加二十一倍。蓋前法以一百零六爲一率。今以二千二百二十六爲一率。是二十一箇一百零六也。以總田七百四十二畝爲二率。以稻衰一千零五十爲三率。求得稻田三百五十畝。

⑪如遠望一塔中有林木遮去三分之二。塔高二十四丈被遮去一十六丈也。下露五分之一塔高二十四丈下露四丈八尺也。上露三丈二尺。請問塔高。　曰二十四丈。

法用兩分母三五相乘得十五爲總衰。置總衰三歸而二因之得十衰。爲林木遮去衰數。又置總衰五歸而一因之。得三。爲下露衰數。併十衰三衰共十三衰。於總衰十五內減去。餘二。爲上露三丈二尺之衰。卽以二爲一率。三丈二尺爲一率。總衰十五爲三率。求得四率二十四丈。

(十二)如木匠瓦匠小工三人分工價。瓦匠得木匠五分之二。小工得木匠四分之一。瓦匠比小工多一兩二錢。問各若干。　曰木匠八兩。　瓦匠三兩二錢。　小工二兩。

法以兩分母五四相乘。得二十。爲木匠衰數。以分母四互分子二。得八。爲瓦匠衰數。變五分之二爲二十分之八也。又以分母五五分子一得五爲小工衰數（變四分之一爲二十分之五也）又將瓦匠衰八與小工衰五相減餘三爲一率（此瓦匠多於小工三衰也）多一兩二錢爲二率木匠二十衰爲三率求得四率八兩爲木匠銀數

（十三）如鐵初次鍛減原數三分之一二次鍛減原數四分之一三次鍛減原數五分之一四次鍛減原數六分之一餘淨熟鐵廿七兩問原鐵數若干　曰五百四十兩

法以名分母維乘得三百六十爲總衰（三乘四得十二又乘五得六十又乘六得三百六十）此數以三分之一計之得一百二十以四分之一計之得九十以五分之一計之得七十二

以六分之一計之。得六十。併四數。得三百四十二。爲各次鍛減之衰數。於總衰三百六十內減之。餘十八。爲現存之衰。卽用爲一率。以現存二十七兩爲二率。以總衰三百六十爲三率。求得四率五百四十兩。

或不用連乘。但取一數。可用各分母分之而盡者。如三十。六十。皆可用爲總衰。以六十言之。三分之一。得二十。四分之一。得十五。五分之一。得十二。六分之一。得十。併得五十七。減總衰六十。餘三。爲一率。以六十爲三率。可也。此因各次鍛減分數。皆以原數爲言。故算法如此。詳弟九條。

(十四)如問老人歲數。曰以現年加三分之二。減四分之一。得一百三十六歲。問若干歲。曰九十六歲。

法以兩分母相乘得十二。爲總衰。加八。三分十二衰之二得八。減三。四分十二衰之一得三。餘十七爲一率。一百三十六歲爲二率。十二衰爲三率。求得四率九十六歲。

(十五)如有一數。取二分之一。三分之一。四分之一。五分之一。六分之一。併之得五百二十二。問原數若干。曰三百六十。

法倣上第十三條。

(十六)如馬一羣。但云加一倍。又加二分之一。又加三分之一。又加四分之一。又加一匹。併原數共一百一十二匹。問原數。曰三十六匹。

法借十二為總衰。見上弟十三條註　此數加一倍得二十四。又加二分之一為六。又加三分之一為四。又加四分之一為三。共得三十七為一率。共數一百一十二。減一匹。題言加一匹。是在所加各分數之外。故須去之　餘一百一十一。為二率。十二衰為三率。求得四率三十六匹

（十七）如。為商三次。初次得利比本為三分之二。將利加入本銀。弟二次得利比本為四分之三。又將利加入本銀。弟三次得利比本為五分之三。三次本利共一千四百兩。問原本若干。　曰三百兩

法借六十為本銀衰數。取其三分之二得四十。與六十相加。得一百。又將一百取其四分之三得七十五

與一百相加。得一百七十五。又將一百七十五。取其五分之三。得一百零五。加一百七十五。得二百八十兩。爲一率。一千四百兩爲二率。六十衰爲三率。求得四率三百兩。

己上各條所借之衰。止借一次。已下各條則借二次。名曰疊借互徵。

（十八）如有銀一百兩。命甲乙丙三人分之。甲比乙多一倍。乙比丙多二倍。問各得若干。　曰甲六十兩。乙三十兩。丙十兩。

法借十二兩爲甲衰。六兩爲乙衰。乙少甲一倍也。二兩爲丙衰。丙少乙二倍也。併得二十衰。以與原銀一百兩相較。不足八十兩。命之曰借十二兩。不足八十兩。書於右。再借三十六兩。爲甲衰十八兩。爲乙衰六兩。爲丙衰。併得六十兩。與原銀一百兩相較。仍不足四十兩。命之曰借三十六兩。不足四十兩。書於左。倣盈朒章兩不足之法算之。於是以兩不足數相較。如一不足一有餘則相加。餘四十兩。爲一率。兩借數相減。餘二十四兩。爲二率。不足八十兩。爲三率。求得四率四十八兩。加借十二兩。因不足故用加。若有餘則用減。得甲數。或以不足四十兩爲三率。求得四率二十四兩。加借三十六兩。亦合。

一　四十兩

二　廿四兩

三　八十兩

四　四十八兩

蓋初借十二兩而差八十兩。後多借二十四兩而少差四十兩。是少差四十兩。由於多借二十四兩。則欲不差此八十兩。必須再借四十八兩乃可也。初借止十二爲不及。故須添借也。此四率之理也。又八十兩差數也。四十兩差數之較也。兩次不足之較。一類也。四十八兩借數也。與借數十二兩相加。故統爲借數。二十四兩借數之較也。兩次借數之較。又一類也。故以差數之較四十比借數之較廿四。若差數八十。比借數四十八也。按此條止須借十二兩爲甲衰。併乙衰六。丙衰二。共二十兩爲首率。以原銀一百兩爲次率。甲衰十二爲三率。徑求得四率六十兩。不用疊借也。即疊借而以四十爲首率。二十四爲次率。亦可以一百兩爲三率。徑得四率。六十兩。蓋甲衰二十四。乙衰十二。丙衰四。合三人共四十。夫三人共四十。而甲爲二十四。則三人共一百。而甲爲六十。可知也。

又法用互乘。書左右後卽互乘。如下圖。

十二兩　　三十六兩

少八十兩二千八百八十兩　　少四十兩四百八十兩

相減餘二千四百兩

以原少八十少四十相減餘四十爲首率。以互乘減餘二千四百爲次率。以甲一人爲三率。

一　四十兩

二　二千四百兩

三　一人

四　六十兩

求得四率六十兩卽甲數所以然者此與盈朒章先求銀數法同蓋彼第三條所云每人分八兩少二兩每人分九兩少六兩卽此條之甲借十二而少八十甲借三十六而少四十也彼以九互二爲九倍原銀而少十八又以八互六爲八倍原銀而少四十八卽此條以三十六互八十爲三十六倍原銀而少二千八百八十又以十二互四十爲十二倍原銀而少四百八十也彼以少十八少四十八相減餘三十爲九倍與八倍相減餘一个原銀之數卽此條以少二千八百八十少四百四十相減餘二千四百爲三十六倍與十二倍相減餘二十四个原銀之數也又甲銀

六十兩較原銀一百兩爲四十分之二十四分。若以較二千四百兩則爲四十分之一分。將二千四百兩分爲四十分，每分得六十兩也。蓋二千四百乃二十四个一百。以一百分四十分，乃小四十分。以二千四百分四十分，乃大四十分。大四十分爲小四十分之二十四倍，則大四十分中一分，必爲小四十分中一分之二十四倍。故六十兩在小四十分中爲二十四分，而在大四十分中爲一分。法爲四十分而得二千四百，若一分之得六十也。

（十九）如有香爐二座，不知其重，但知爐蓋一个重一百五十斤。如以蓋加甲爐，則重於乙爐三倍；若以加乙爐則與甲爐等重問二爐各重若干。　曰甲爐三百斤。乙爐一百五十斤。

法先借三十斤爲甲爐衰加蓋一百五十斤共一百八十斤内取三分之一得六十斤爲乙爐衰因甲爐加蓋比乙爐重二倍故以六十斤爲乙爐衰也。以乙爐衰六十斤加蓋一百五十斤共二百一十斤與甲衰三十斤相較甲衰少一百八十斤不能等重矣。命曰借三十斤少一百八十斤書於右再借九十斤爲甲爐衰加蓋一百五十斤共二百四十斤内取三分之一得八十斤爲乙爐衰以乙爐衰加蓋一百五十斤共二百三十斤與甲衰九十斤相較甲少一百四十斤命之曰甲借九十斤少一

百四十斤書於左做盈朒章兩不足法算之

三十
九十
相減餘六十斤
少一百八十
少一百四十
相減餘四十斤

以兩少數相減餘四十斤爲一率兩借數相減餘六十斤爲二率少一百八十斤爲三率求得四率一百七十斤加借三十斤得重三百斤爲甲爐數蓋初借三十斤而差一百八十斤後多借六十斤則少差四十斤夫少差四十斤必須多借六十斤則欲不差此一百八十斤必須添借二百七十斤乃可也

又法用互乘書左右後卽互乘如下圖

三十斤 少一百八十斤
九十斤 少一百四十斤
一萬六千三百斤
四千二百斤
相減餘一萬二千斤

以原少一百八十斤與少一百四十斤相減餘四十

斤爲一率。以互乘減餘一萬二千斤爲二率。以甲爐一爲三率。徑求得四率三百斤爲甲爐數。蓋右借數互左少。乃加三十倍也。左借數互右少。乃加九十倍也。三十九十相減餘六十倍。則互乘減餘之一萬二千斤。乃六十个總差數也。一个總差數乃二百斤。六十个則一萬二千斤也。問總差何以知爲二百斤。曰此條之總差。猶上條之原銀也。上條甲衰二十四。原銀衰四十。二十四衰爲六十。則四十衰爲一百矣。此條甲爐衰六十。總差衰四十。六十衰爲三百斤。則四十衰爲二百斤矣。而甲爐重三百斤。以較總差數二百斤爲四十分之六十分。少差四十斤。由於多借六十斤。則欲不差一百八十斤。必須再借二百七十斤。蓋一百八十之與二百七十。亦如四十之與六十也。則二百斤之與三百斤。獨不如四十之與六十乎。若以較一萬二千斤則爲四十分之一。將一萬二千斤。以四十分之。每分得三百斤。

蓋一萬二千斤。乃六十个總差數。分爲四十分。乃小四十分。六十个總差數分爲四十分。乃大四十分。大四十分卽小四十分之六十倍則大四十分之一分。卽小四十分之六十分可知也故四十分。率一而爲一萬二千斤。率二若一分率三之爲三百斤率四也

(二十)如甲乙二鐘不知重但云取乙鐘八十斤入甲。則乙所餘得甲鐘四分之一。若取甲鐘八十斤入乙。則甲所餘得乙鐘三分之二問各重　曰甲鐘二百四十斤。

乙鐘一百六十斤。

法先借一百二十爲甲。衰加乙所入八十斤。共重二百斤。四分之得五十斤。五十斤乃四分之一。加八十斤得一百

三十斤爲乙衰若取甲八十斤入乙則乙得二百一十斤而甲止餘四十斤加一半二十斤得六十斤爲乙鐘數甲所餘得乙三分之二故以六十斤爲三分四十斤爲三分之二分而與乙鐘二百一十斤相較則少一百五十斤命之曰借一百二十斤少一百五十斤書於右再借三百六十斤爲甲衰加乙所入八十斤得四百四十斤此條四分之得一百一十斤加八十斤得一百九十斤爲乙衰若取甲八十斤入乙則乙得二百七十斤而甲止餘二百八十斤加一半一百四十斤得四百二十斤爲乙鐘數而與乙鐘二百七十斤相較則多一百五十斤命之曰借三百六十斤多一百五十斤書於左用一

盈一朒法算之。於是以一多一少兩數相加。得三百斤爲一率。兩借數相減。餘二百四十斤爲二率。少一百五十斤爲三率。求得四率一百二十斤。加借一百二十斤。共二百四十斤爲甲鐘。若以多一百五十斤爲三率求四率一百二十斤。則當與所借三百六十斤相減。得甲鐘。

一　三百斤　　　　法爲以兩差之較三百比兩

二　二百四十斤　　借之較二百四十若差數一

三　少一百五十斤　百五十比借數一百二十也。

四　一百二十斤

又法用互乘。

一百二十斤　╳　少一百五十斤　五萬四千斤

三百六十斤　　　少一百五十斤　一萬八千斤

併得七萬二千斤

以原少一百五十斤。原多一百五十斤。併得三百斤爲首率。以互乘所併七萬二千斤爲次率。甲鐘一爲三率。得四率二百四十斤爲甲鐘數。

一　三百斤

二　七萬二千斤

三　一

四　二百四十斤

蓋右借數互左多數。乃加一百二十倍也。左借數互右小數。乃加三百六十倍也。相減餘二百四十倍。則互乘所併七萬二千斤。卽二百四十倍總差數也。一个總數三百斤。二百四十个總數。合七萬二千斤。而甲鐘重二百四十斤。較總差數三百斤。爲三百分之二百四十分。若較二百四十个總數差七萬二千斤則爲三百分之一分。以三百分七萬二千斤。每分得二百四十斤。故三百分而爲七萬二千斤若一分之爲二百四十斤也。

（廿一）如有羊三羣丙羣四百隻。此與十九條所問同。丙四百隻。如爐蓋之一百五十斤也。乙羣爲甲丙兩羣二分之一。如以蓋加甲。則甲爐重於乙也。甲羣爲乙丙兩羣三分之一。如以蓋加乙。則乙爐重於甲也。問甲乙各羊若干。　曰乙三百二十隻。　甲二百四十隻。

（廿二）如有田一百畝。令甲乙二人分耕。若以甲田三分之一與乙。以乙田五分之一與甲。則各得田五十畝。問各田若干。　曰甲田六十四畝二分八釐零　乙田三

十五畝七分一釐零

法先借二十畝爲甲衰而以七十畝爲乙衰甲取十畝三分之一也與乙乙取十四畝五分之一也與甲則甲止得田三十四畝甲三十畝去十畝得十四畝共三十四畝與各得五十畝相較則少十六畝命之曰甲借三十畝少十六畝書於右再借六十畝爲甲衰而以四十畝爲乙衰甲取二十畝三分之一與乙乙取八畝五分之一與甲則甲得田四十八畝與各得五十畝相較少二畝命之曰甲借六十畝少二畝書於左餘法同止錄四率

一　十四畝　　一　十四畝

二　三十畝　　二　九百畝

三　十六畝　　三　一八

四　三十五畝七分一釐零　　四　六十四畝二分八釐零

(廿三)如甲丙丁三人共銀二百一十兩只云甲與丙四分之一丁與甲二分之一丙與丁三分之一則每人各得七十兩問各人銀數　曰甲四十兩　丁八十兩　丙九十兩

法先借十兩爲甲衰此數減四分之一二兩五錢餘七兩五錢與各得七十兩相較差六十二兩五錢爲丁銀二分之一加一倍得一百二十五兩爲丁銀數因甲與丙四分之一。丁與甲二分之一。乃成七十兩。今甲除與丙外。所存止七兩五錢。必加六十二兩五錢。乃成七十。是所加之六十二兩五錢。卽爲丁所與二分之一。故倍之得丁全銀也。又併甲衰十丁衰一百一十五共一百三十五與總銀二百一十兩相減餘七十五兩爲丙衰於丙衰減三分之一（二十五兩）餘五十兩加甲所與四分之一（二兩五錢）共得五十二兩五錢此數與各得七十兩相較則少十七兩五錢命之曰甲借十兩少一十七兩五錢書於右再借二十八兩爲甲衰此數減四分之一（七兩）餘二十一兩與各得七十兩相較差四十九兩爲丁銀二分之一加一倍得九十八兩爲丁銀差數又倂甲丁兩衰得一百二十六兩與總銀二百一十兩相減餘八十四兩爲丙銀衰數又於丙衰內減三分之一（二十八兩）餘五十六兩加甲所與四之一（七兩）共得六十三兩此數與各得

七十兩相較則少七兩命之曰甲借二十八兩少七兩書於左餘法同止錄四率

一　十兩五錢　　　　一　十兩五錢

二　十八兩　　　　　二　四百二十兩

三　十七兩五錢　　　三　一人

四　三十兩（加借十兩得甲數）　四　四十兩

此疊借三色法也借衰時加減甚繁然條理分明自能了然如前借甲衰十兩丙衰七十五兩丁衰一百二十五兩若於丁衰減二分之一（六十二兩五錢與甲）加丙衰三分之一（丙與丁二十五兩）得八十七兩五錢與七十兩相較則多十七兩五錢丙差與丁差其數一也至再借

二十八兩爲甲衰其加減亦與前借數同惟甲成七十兩至丙則少七兩丁則多七兩其數又同故但取丙差數也

(廿四)如大小兩船僱夫小船每客出銀爲大船每客五分之四若大船八人小船五人出銀則不足七兩若大船六人小船八人出銀則不足三兩問共銀及每人各出銀若干　曰共銀一百二十七兩　大船每人出十兩　小船每人出八兩

法以五分爲大船每人衰數四分爲小船每人衰數以五分與大船八人相乘得四十分爲大船八人共衰以四分與小船五人相乘得二十分爲小船五人

共衰相併得共出銀六十分乃將出六十分少七兩書於右又將五分與大船六人相乘得三十分爲大船六人共衰以四分與小船八人相乘得三十二分爲小船八人共衰併得共出銀六十二分乃將出六十二分少三兩書於左用盈朒本法算之以六十分與六十二分相減餘二分爲法以兩少數相減餘四兩爲實法除實得二兩爲每分之銀數以六十分乘之得一百二十兩加少七兩得一百二十七兩爲僱夫之總銀數又以每分二兩與大船每人衰數五分相乘得十兩爲大船每人所出銀數以每分二兩與小船每人衰數四分相乘得八兩爲小船每人所出

銀數此盈朒本法因有借分爲衰數之故故附於此以備疊借之一體云

(七十五)如有石二塊不知重有銅條一根長十二寸每寸重一兩於第五寸丙處作提繫互換稱之先以大石掛於甲處離丙五寸而以小石作錘稱之離丙六寸恰平次以小石掛甲處而以大石作錘稱之離丙四寸恰平問二石輕重　曰大石重一百三十二兩　小石重一百零八兩

法以甲丙五寸倍作甲丁十寸與甲乙十二寸相減餘丁乙二寸折半得丁戊一寸與丙丁五寸相加得丙戊六寸乃以甲丙五寸爲一率丙戊六寸爲二率

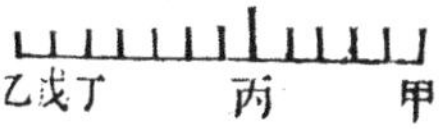

丁乙二寸作二兩爲三率求得四率二兩四錢爲取平之法蓋提繫在丙必於甲處加二兩四錢始與丙乙七寸相平何也甲丙與丙丁等重而丙丁則多丁乙二兩無異有一稱杆甲丙頭與丙乙尾等重而掛重二兩之錘於戊處也（戊爲丁乙之中故掛於此）稱杆頭尾等重則物懸甲錘懸丁物與錘亦必同重二兩若物輕於二兩則錘必在丁之内物重於二兩則錘必在丁之外矣而其物輕重分數則以錘在丁處距丙五寸爲法除物二兩得錘距丙一寸物重四錢距二寸物重八錢距三寸物重一兩二錢距四寸物重一兩六錢距五寸在丁物重二

兩。距六寸在戊。則物重二兩四錢也。夫以丙丁五寸。分甲物二兩。猶之以甲丙五寸。分丁錘二兩也。而甲丙五寸分丁錘二兩。猶之甲丙五寸分丁乙二兩也。以甲丙五寸爲一率。分二率之二兩。而以六寸爲三率乘之。得二兩四錢。因二率三率之位可互易。故以六寸爲二率。二兩爲三率也。於是先借二十六兩四錢爲大石衰數。內減取平之二兩四錢。以益甲丙少丙乙之數。餘二十四兩。用六分爲一率。五分爲二率。大石在甲。離丙五寸。如五分。小石在戊。離丙六寸。如六分。是小石權大石。大石得六分。大石權小石。小石得五分也。二十四兩爲三率。求得四率二十兩。爲小石衰數。大石六分得二十四。則小石五分得二十兩矣。蓋每分四兩也。又於小石衰數二十兩內。減取平之三兩四錢。餘十七兩六錢。用四分爲一率。五分爲二率。小石在甲。離丙五寸。大石在己。離丙四寸。是大石權小石得四分。小石權大石得五分也。十七兩六錢爲三率。求得四率二十二兩。此又以小石衰。轉求大石衰。試其合否也。與所借大石衰數二十六兩四錢相減。則少四兩四錢。不合矣。蓋眞數乃合也。大石眞數爲一百三十二兩。除減取平二兩四錢。餘一百二十九兩六錢。以六分分之。每分得二十二兩。以五因之。得小石眞數一百零八兩。以小石眞數一百零八兩。減取平之二兩四錢。餘一百零五兩六錢。以四分分之。每分得二十六兩四錢。以五因之。仍得大石眞數一百三十二兩。所謂眞數則合也。今止借二十六兩四錢。計少借一百零五兩六錢。故差四兩四錢。然則欲不差此四兩四錢。必須多借一百零五兩六錢。以足眞數。乃合也。

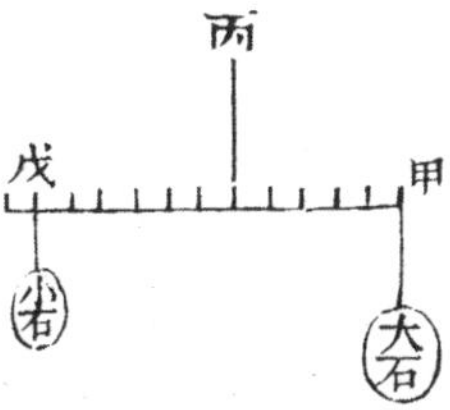

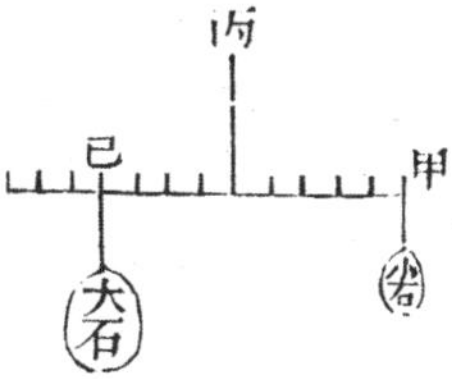

書於右再借三十二兩四錢爲大石衰數減去取平之二兩四錢餘三十兩用六分爲一率五分爲二率三十兩爲三率求得四率二十五兩爲小石衰數又以小石衰二十五兩減去取平之二兩四錢餘二十二兩六錢用四分爲一率五分爲二率二十二兩六錢爲三率求得四率二十八兩二錢五分與所借大石衰數三十二兩四錢相較亦少四兩一錢五分書於左用兩不足法算之

借二十六兩四錢　少四兩四錢

借三十二兩四錢　少四兩一錢五分　於是以兩少數相減餘二錢五分爲一率兩借數相減餘六兩

為三率以少四兩四錢為三率求得四率一百零五兩六錢（少差二錢五分由多借六兩則欲不差此加四兩四錢必須多借一百零五兩六錢也）借二十六兩四錢共一百三十二兩即大石重數內減取平之二兩四錢餘為三率六分為首率五分為二率求得小石重數一百零八兩　此條亦入方程其法以大石五分乘取平之二兩四錢得十二兩為五大石多於六小石之數（大石五分與小石六分平則五大石與六小石平也）又以小石五分乘取平之二兩四錢亦得十二兩為四大石少於五小石之數依較數方程法算之

附權衡法

㉕如原稱錘重一斤失去今以重二斤之錘稱物得十二

斤。問此物實重若干。　曰二十四斤。
法以原錘一斤爲一率。今錘二斤爲二率。物十二斤
爲三率。求得四率二十四斤

此轉比例也。如圖以今錘二斤乘今
重甲乙十二斤得二十四斤。與以原
錘一斤乘原重甲丙二十四斤同實。
故以首實除之得四率。

（廿六）如原錘稱物得二十四斤。因失去錘。取別錘重二斤者
稱此物。得十二斤。問原錘　曰重一斤。
法以二十四斤爲一率。二斤爲二率。十二斤爲三率。
求得四率一斤。

按此惟稱頭與稱尾等重者乃然如稱尾重於稱頭則不準試作甲乙二稱其杆之長短分寸相同尾皆重於頭二兩錘皆一斤有甲乙二物各重十斤以甲稱於十斤處懸錘稱甲物亦以乙稱懸錘於十斤處稱乙物其皆恰平無疑也若將乙物併掛甲稱鉤將乙錘加甲錘則稱甲乙二物必得十斤一兩何者以少乙稱尾二兩也此不可不知

開平方法

平方卽方面也其邊則長闊相等其積則邊自乘之數也開平方者以所設之積用法開除之而得其每邊若干也初商用平方大籌取數

平方人籌式

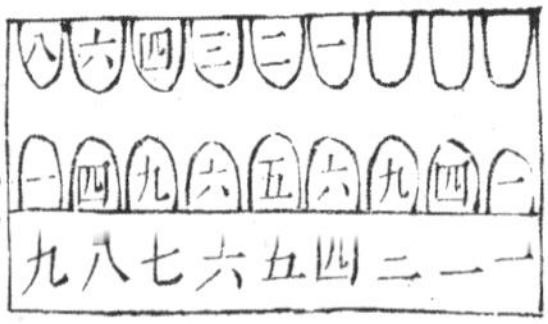

朱書乃行數
墨書各數名籌積乃行數自乘所
得如弟五行數五自乘得二十五
是也

初商法查籌積何行與設積相合如設積三十六尺
查與弟六行籌積三六相合則以其行數之六爲初
商六尺以籌積與設積相減恰盡是初商卽了無次
商也若籌積無與設積合者則取籌積某行畧少於
設實者以其行數爲初商於設積內減去籌積餘實
爲廉隅之積以待次商也（廉二隅一見下圖）

甲方也初商積也丙丁皆廉也乙隅也
次商積也

㊀如平方積五丈四十七尺五十六寸問邊若干　曰二丈三尺四寸

法先列實隔一位記一點蓋平方大籌合十單兩位故截實二位爲一商方積二位定方邊一位也如上所舉三十六尺者方積二位也初商六尺者方邊一位也記點自下而上從單寸位記起若實不至單位者則於實末作以存其位於末點起卽定此位所商爲寸次於單尺位再記卽定此位所商爲尺次於單丈位再記卽定此位所商爲丈若問者云積五萬四千七百五十六寸則定末點爲寸位上一點爲十寸位最上一點爲百寸位蓋十寸卽一尺百寸卽一丈也查記三點

知商有三次又查鈌十丈位每點十單二位今止有單丈一位無十丈位也當作一〇補其空隨截上點〇五丈爲初商實查大籌積無恰合者惟弟二行積〇四畧少於截實遂對餘籌積之首爲〇與設積之首〇相對餘之以相減而以其行數之二爲初商二丈書於實上點五丈之旁餘實一丈四十七尺五十六寸以待次商次商法截弟二點上餘實一丈四十七尺爲次商實以初商二丈倍之得四丈廉有二故倍之即取弟四籌加大籌上弟四籌乃合兩廉共長四丈也大籌可爲方自乘積亦可爲隅自乘積在初商則爲方方邊之自乘在次商則爲隅邊之自乘也初商方邊旣爲丈則次商隅邊必爲尺尺小於丈一等故以小籌加大籌其位恰合也

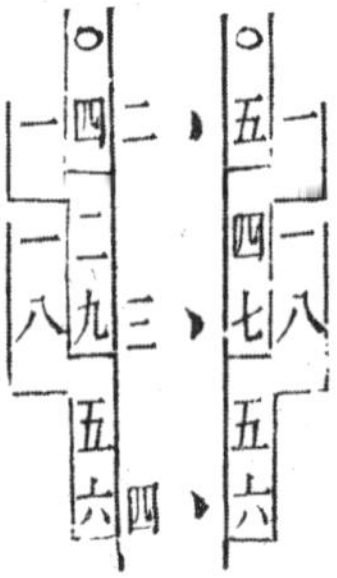

名曰廉隅共積查籌內弟三行積一二九畧少於原實對錄相減而以其行數之三爲次商三尺書於實中點七尺之旁餘實一八五六以待三商三商法截弟三點上餘實一八五六爲三商實以初次商共二丈三尺倍之得四丈六尺卽用四六兩籌加大籌上查其弟四行積一八五六對錄相減恰盡卽用其行數四爲三商書於實末點六寸之旁合之共商得二丈三尺四寸也爲圖明之

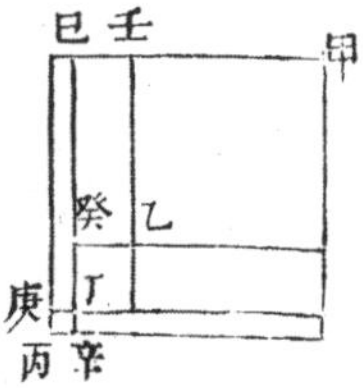

甲乙初商方也積四丈乃甲壬二丈乘壬乙二丈所得也故初商二丈己乙戊乙次商二廉也其積一百二十尺乃倍

初商壬乙二丈爲四丈乘次商壬己三尺所得也乙丁次商隅也積九尺乃次商乙癸三尺乘癸丁三尺所得也廉隅共積一百二十九尺故次商三尺又己庚戊辛三商二廉也積一千八百四十寸乃倍初次商己丁二丈三尺爲四丈六尺乘三商丁庚四寸所得也丁丙三商隅也其積十六寸乃三商庚丙四寸乘丁庚四寸所得也廉隅共積一千八百五十六寸故三商四寸

㈡如平方積二千五百〇一萬〇〇〇一寸問每邊若干

曰五千〇〇一寸

法列實記點計四點知商有四次初商爲千寸　初商法截上點二五爲初商實查大籌第五行積二五

恰合。遂對錄相減。卽用其行數五爲初商五千寸。書於上點之旁。次商法截弟二點上餘實〇一一（一萬寸也。）爲次商實。倍初商五千寸得一萬寸。卽用一空兩籌加大籌上。（大籌偶數也。然其邊爲百寸。以初商爲千寸。則次商當爲百寸知之也。自萬寸至百寸隔一位。故夾入一空籌。）查

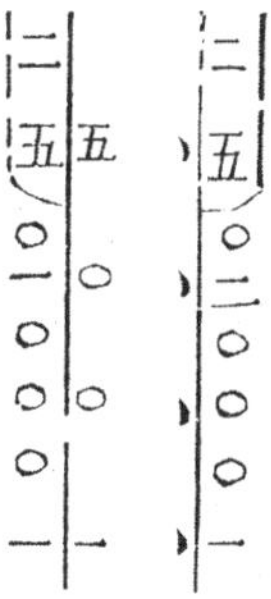

次商應商百寸。而籌積弟一行乃一百〇一萬寸。（設次商一百寸。以乘倍初商一萬寸。得一百萬寸。合次商一百寸自乘得一萬寸。共一百〇一萬寸也。）法大實小無可減。知次商不能商百當空一位。遂於初商五十寸之下。對弟二點記一〇。將前實改入三商。三商法截弟三點上一〇〇爲三商實。次於一空兩籌下平方大籌上加入一空籌

蓋三商應商十寸自餘實首一萬寸至十寸隔二位也查籌弟一行積乃十萬〇一百寸仍是法大實小無可減知三商不能商十當空一位遂於初次商五〇之下對弟三點紀一〇將前積一〇〇改入四商四商法截弟四點上一〇〇〇一為四商實一萬寸〇〇〇一寸也次於一空空三籌下平方大籌上加入一空籌合為一空空空大共四籌蓋四商應商一寸自餘實首一萬寸至一寸隔三位也查籌弟一行積一〇〇〇一恰合遂對餘減盡而用其行數一為一寸書於末點之旁合之共商得五千〇〇一寸也　取末商捷法但看實末是何數查此數在大籌單位何行

上。卽取其行數爲末商。如此條實末一字。查在大籌單位弟一行。卽以一爲末商是也。然此爲除實得盡者言之。詳下還原法。勿概施也。還原以所商數自乘。合原積。

凡開平方除實得盡者。必皆方邊自乘之積。故以開得之邊。自乘還原。如非方邊自乘之積。則除必不盡。其還原法。將開得之邊自乘。得數加入不盡之數。卽與原積合。餘實用命分法命之。如平方積十尺。開得邊三尺。除積九尺。餘實一尺。法倍初商三尺。得六尺爲兩廉。加一尺爲隅。共七尺。命之曰開得邊三尺又七分尺之一。意若曰餘實若滿七尺。卽可再商一尺矣。今只有一尺。則不能商一尺。止可商七分尺之一分也。七分分尺之一分者。謂以七分爲一尺而止得一分也。命分法亦可還原。然依古法則不合。蓋古法以分母之七乘商得之三尺。通爲二十一分。加入分子一分。共二十二分。自乘得四百八十四分爲實。以分母七自乘得四十九爲法。法除實得九尺又四十九分尺之四十三分。以較原實十尺少四十九分尺之六分。此爲隅差。何則一尺化爲七分者。其邊線也。七分自乘得四十九分者。其面積也。化三尺爲二十一分。自乘得四百四十一分。而以滿四十九分收爲一尺。得方九。此即初商三尺自乘之積。不差也。今於二十一分之外。加入分子一。共二十二分。自乘得四百八十四分内減右積四百四十一分尚餘四十三分則兩廉各積二十一分隅積一分也夫兩廉各積二十一分者乃以三个七分乘一分也三个七分乘一分析而言之爲一个七分乘一分得積七分尺之一所謂七分尺之一也然則必得七个長七分乘闊一分之積乃合一尺之積今兩廉共得六个則隅當得一个亦當照例以長一分乘闊一分取之乃止以長一分乘闊一分得積一分故差六分也宜照梅定九法於自乘得四百八十四分後又以分母七減分子一餘六與分子一相乘得六分二數相併得四百九十分爲實乃以分母七自乘爲法除之卽合原數

㈢如有三百六十一人用船分載其船數與每船所載人數相等問共船若干　曰十九隻　船數如橫之十九人數如直之十九橫直相等卽平方也

㈣如有銀七百八十四兩散給夫匠其人數與每人所得銀數相同問人數　曰二十八人　解題同弟三條

㈤如用船運糧六千五百六十一石欲取一船別用將此船米分載各船每船領去一石其本船尚餘一石問共船若干　曰八十一隻　此因一船所載之米分與各船每船各領一石卽共去八十石故本船尚餘一石也八十一船若橫八十一丈每船八十一石若直八十一丈

(六)如有錢一萬五千六百二十五文。買瓜。每瓜一个。與脚錢一文。因無現錢。將一瓜準作脚錢。問瓜數若干

曰一百二十五个。　共脚錢一百二十五文。將一瓜準折。是一瓜值一百二十五文也。瓜一百二十五个。如横一百二十五丈。每瓜一百二十五文。如直一百二十五丈。

帶縱較數平方法

(一)如有長方積一萬一千二百二十四尺。縱多廣三十尺。問縱廣各若干。　曰廣九十二尺。縱一百二十二尺。

法列實記點。查記三點。應商一百尺。因有縱多。改商九十尺。加帶縱三十尺。共一百二十尺。即用一二兩

算迪卷二　　粤雅堂校刊

籌查取弟九行積○一○八對錄相減以其行數九

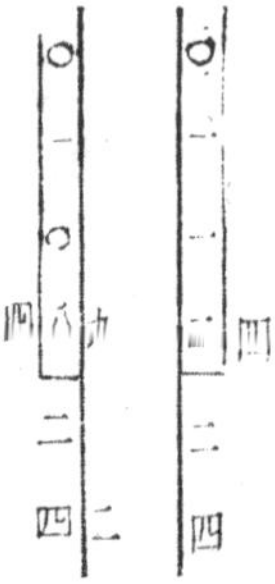

爲初商九十尺書於中點之旁

次商法倍初商九十得一百八十

加縱三十共二百一十照用二一兩籌爲廉法以較

餘實四百二十四可以商二就以二爲隅法併廉隅

共二百一十二改用二一二共三籌錄其弟二行數

四二四對減恰盡卽用其行數二爲次商書於末點

之旁合之共商得九十二尺爲廣加三十尺得縱也

四尺

(二)又法如長方積八尺縱多二尺問縱廣　曰廣二尺縱

法以積八尺四因之得三十二尺而以縱多二尺自

乘得四尺。倂二數。得三十六尺。開方得六尺。卽爲長闊相和之數。加縱二尺。得八尺。折半見長。於長內減縱二尺。見闊。如圖甲丙長方積八尺。四因之得甲丙戊庚辛癸子丑四長方。內加入縱多二尺自乘之丑庚小正方。卽成甲戊辛子一大正方。其每邊皆長闊之和也。

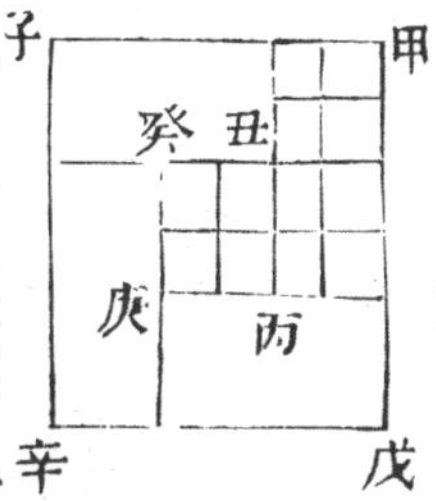

㊂又法如前積。先將縱多二尺。折半得一尺。爲半較。自乘仍得一尺。與原積八尺相加。得九尺。平方開之。得三尺。爲半和。於半和減半較。餘二尺。爲闊。於半和加半較。得四尺。爲長。如圖甲丙長方。甲丁爲闊。丁丙爲長。己丙爲縱多之較。將較折半於辛。而移辛乙爲壬巳

再加己丁半較自乘之方。則成甲庚子壬正方形。方邊三尺乃半和也。長四尺與闊二尺相和得六尺今止三尺故為半和。又句股之法。併句自乘方與股自乘方二數開方得弦。今併半較

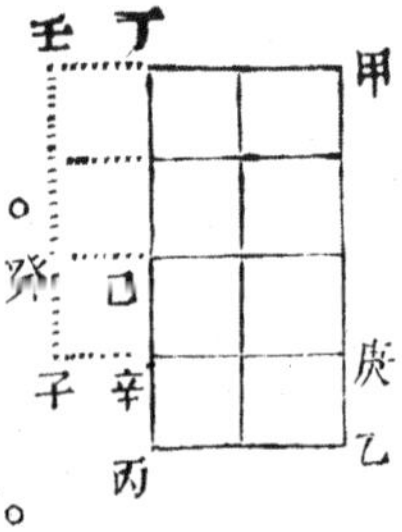

自乘方與原積開方得半和。是半較自乘方。己子。即句自乘方也。原積八尺。移為壬甲庚辛己癸形。即股自乘方也。合之為半和自乘方。甲庚子壬。開方得半和三尺即弦也。再

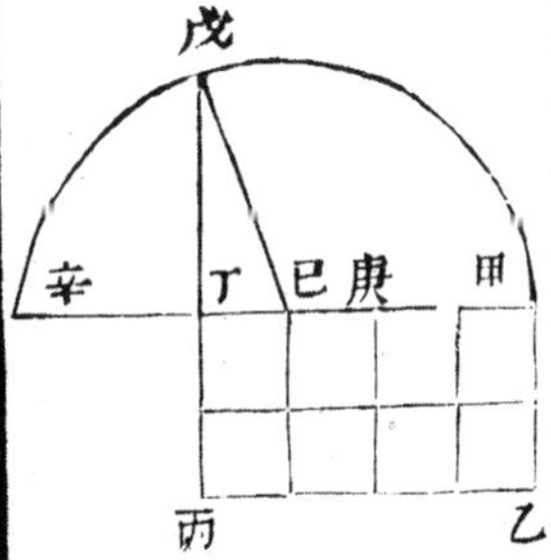

為圖明之。戊己丁句股形。戊己弦半和也。戊己同甲己並為員半徑。長俱三尺也。己丁句半較也。甲丁長也。甲乙闊也。庚甲同甲乙。所餘庚丁。則長闊之較也。折半為己丁。自乘得一尺。戊丁股

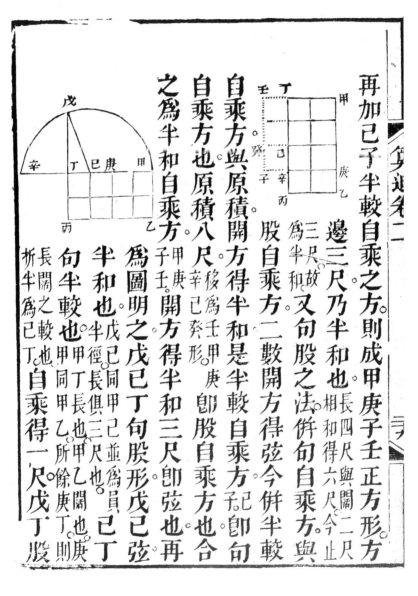

也。自乘得八尺。合之得九尺。開方得戊巳半和也。蓋戊丁股自乘。與甲乙丙丁長方積等。此三率連比例之理。三率連比例中率自乘。與首末兩率相乘等積。法爲甲丁比戊丁。若戊丁比丁辛。丁辛卽丁丙也。解見三角算法。

㈣如有銀三百六十兩。賞人。其人數如横。比每人所得銀數。每人所得銀數如直。爲五分之二。如帶縱。問人數及銀數各若干。

曰十二人。每人三十兩。

此帶縱十八也。因但云五分之二。如言闊爲二分。長爲五分。而未明言帶縱之數。則不可以上條法算之。於是以五爲一率。三百六十兩爲二率。二分爲三率。得四率一百四十四兩。

開方得十二爲人數以人數除總銀見每人得銀三十兩

帶縱和數平方法

㈠如長方積八百六十四尺長闊相和六十尺問長闊各若干　曰闊二十四尺　長三十六尺

。八	六四
二	四
八	六四

法列實記點初商二十尺爲闊以二十尺與相和六十尺相減餘四十尺爲長長計多四十尺長闊相乘得八百尺可取第四籌査共二數即得八對餘相減即用二爲初商書於上點之旁　次商法倍初商二十尺爲四十尺與相和六十尺相減餘二十尺爲廉長亦計多四十尺以除餘實六十四尺約可次商三

尺因廉長兼有隅邊在內倘須減去次商之數隅邊卽次商數也。故取略大之數四尺爲次商以減廉長餘十六尺爲廉法取一六兩籌四行積六四對錄與餘實相減恰盡卽用其行數四爲次商四尺書於末點之旁合之共商得闊二十四尺以減和六十尺餘三十六尺爲長爲圖明之

甲乙闊二十四尺　甲丁長三十六尺　相乘爲甲丙長方　甲戊長闊和六十尺　初商甲子闊二十尺卽辛戊以減甲戊和餘甲辛長四十尺與甲子闊相乘得甲巳長方比原甲丙長方多丁辛四尺乘丁庚二十尺之丁巳長方而少子乙四尺乘子庚三十

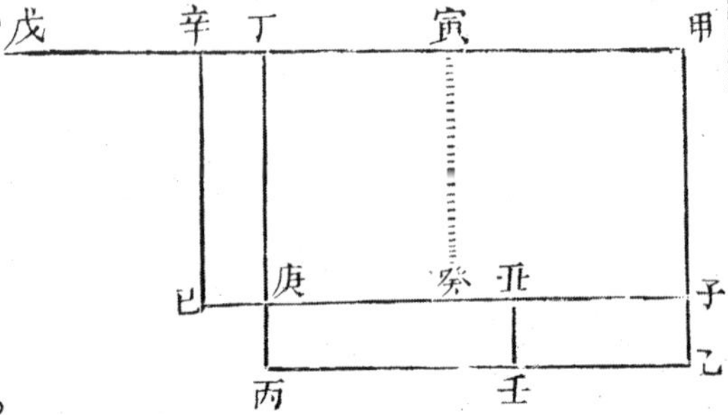

六尺之子丙長方。除移丁巳補相等之丑丙長方。尚少一子壬長方。乃足原額。子壬長方其闊則子乙四尺。其長則子丑十六尺也。所以知子丑爲十六尺者。以借初商辛戊二十尺。爲戊寅四十尺與相和之甲戊相減。餘甲寅。卽子癸二十尺。而丑癸卽次商四尺也。庚子三十六尺也。庚丑與丁庚等。則二十尺也於三十六尺內減庚丑二十尺。餘子丑十六尺。今子癸又爲二十尺。則丑癸固四尺矣。故倍初商與和相減。得子癸。又與次商丑癸相減。得子丑。以乘次商子乙也。

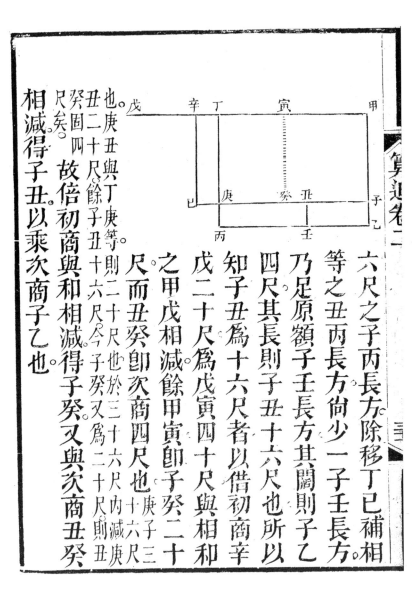

㊁一法以前積四因之得三千四百五十六尺而以和六十尺自乘得三千六百尺減去四因之數餘一百四十四尺開方得十二尺爲長闊之較以加相和六十尺折半得長若以較減和卽得闊此及下法並以上篇第二三條對看便明

㊂一法以和折半得三十尺爲半和自乘得九百尺與原積八百六十四尺相減餘三十六尺開方得六尺爲半較以減半和得闊若相加則得長

㊃如有錢四千七百六十文買樹不知數但知樹之共數與每株價相加得一百七十四問樹數及價各若干

曰樹三十四株　每株價一百四十文　此以樹

數爲闊價爲長也

(五)如有五百八十八人用船均載其船數與每船所載人數相加比船數多四分之三問船數與每船人數各若干　曰船十四隻　每船四十二人　此以船數爲闊每船所載人數爲長船數與人數相加卽如長闊之和和數既比船數多四分之三則是和數爲四分。和數五十六以四歸之每分十四。船數爲一分。十四。每船人數爲三分。四十二乃三个十四也。卽如闊爲一分長爲三分也因未明言相和之數。卽不可用上法算之於是將五百八十八人以三歸分之船數一分。人數三分。難算故於人數止取三分之一則人數船數皆同是一分。如長與闊同。變長方形爲正方形矣得一百九十六人平方開之。

得十四爲船數以三因之得四十二爲每船人數也

句股

定句股弦無零數法

○問今欲設一句股形須句股弦三者俱無不盡之數如句三股四弦五之齊整無零何法取之　　曰當用三率連比例法擇數之可爲法歸除必盡者以爲首率其中率則可任取一數爲之中率爲股自乘得數首率爲法除之得末率次以首率與末率相減餘折半爲句以首率與末率相加折半爲弦則三者俱無零數矣如擇四尺爲首率（四歸無不盡之數二歸五歸八歸及十六三十二等皆可擇用）任以六尺爲中率卽爲股股自乘得三十六尺以

首率四尺除之得末率九尺以首率四尺與末率九尺相加得十三尺折半得六尺五寸爲弦如下圖

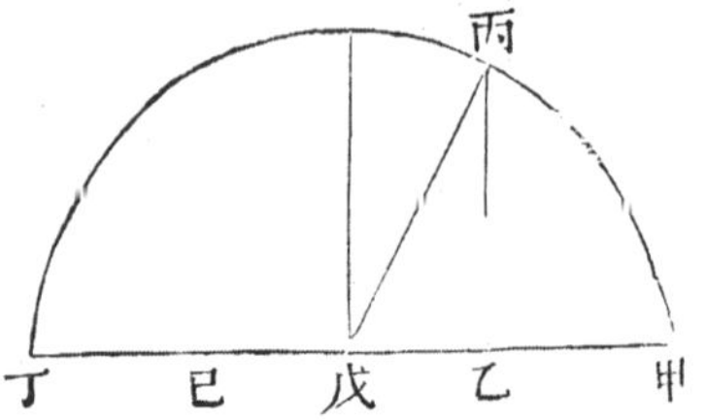

甲乙首率四尺也丙乙中率六尺股也乙丁末率九尺也已丁如甲乙四尺甲乙與乙丁相減減此也乙已則減餘之五尺也折半爲乙戊二尺五寸句也甲乙乙丁相加爲甲丁十三尺折半爲丁戊六尺五寸卽丙戊丙戊丁戊皆半徑也弦也若倍中率爲股則首末率相減之餘卽爲句相加卽爲股均不用折半如下圖

倍丙乙六尺。爲丙庚十二尺。股也。庚辛與減餘之乙己平行。同爲五尺。句也。丙辛與相和之甲丁。同爲員徑。俱長十三尺。弦也。　又以積考之。凡此邊倍於彼邊者。則此積必四倍於彼積。如邊一尺。自乘得積一尺。若邊二尺。自乘則得積四尺是也。如下圖。

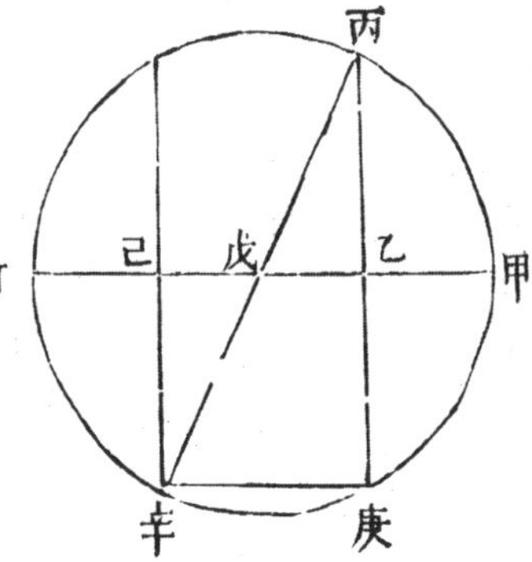

甲丙甲戊皆弦十三尺。甲戊己丙其自乘方也。較上圖丙戊弦六尺五寸。自乘方爲四倍。癸丙癸庚皆句五尺。癸庚辛丙其自乘方也。較上圖乙戊句二尺五寸。自乘方爲四倍。並易見者也。若股十二尺。自乘方則爲甲戊已辛庚癸磬折形於甲戊已丙弦自乘方內除癸庚辛丙句自乘方。餘此。卽股自乘方。其四倍上圖丙乙股自乘方之處頗難見不知三率連比例法丙乙中率自乘與

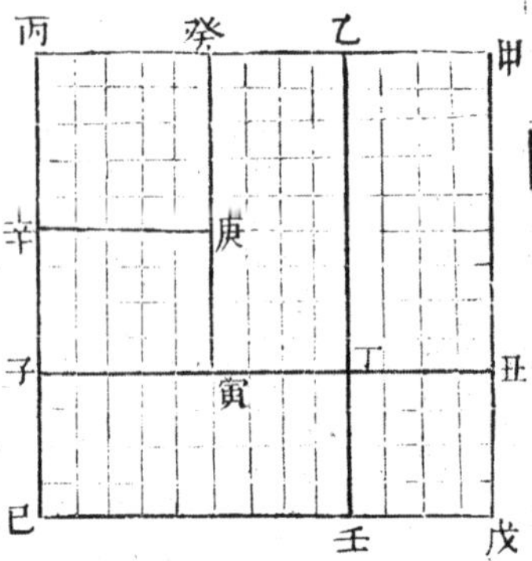

甲乙首率乘乙丁末率等積。丙乙六六尺自乘得三十六尺。甲乙四尺乘乙丁九尺亦得三十六尺。然則四个丙乙自乘卽同四个甲乙乘乙丁。今股十二自乘之甲戊已辛庚癸磬折形。固包四个甲乙乘乙丁之長方在內者也。甲丑乙丁。一丁壬已子。一乙丁寅癸一庚寅子辛合丑戊壬丁。一。

句股弦相求法

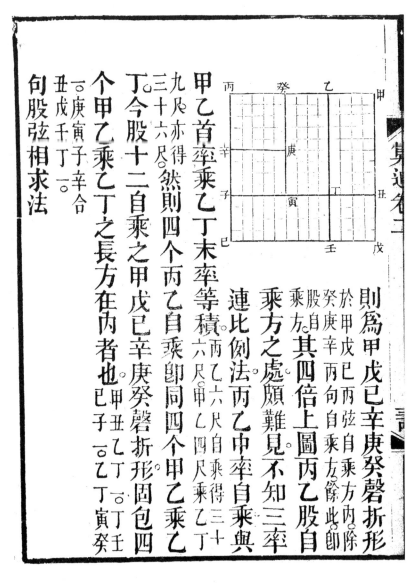

㈠如股四句三求弦

法以股四自乘得十六句三自乘得九相加得二十五開方得弦五如圖甲乙丙句股形其甲乙股自乘

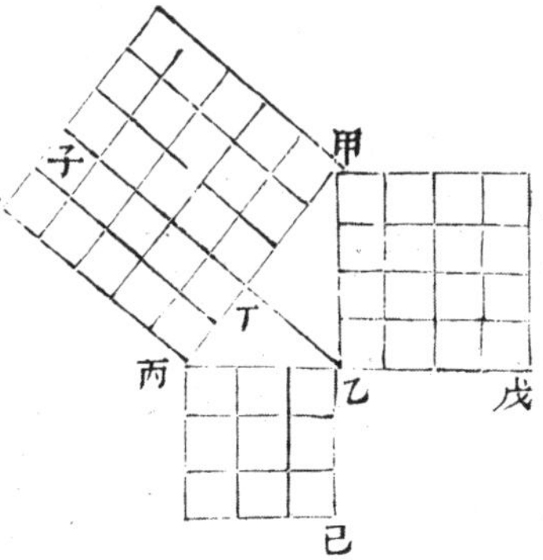

爲甲戊方乙丙句自乘爲丙巳方合之必等甲丙弦自乘之甲壬方試自乙角作乙丁子線分甲壬方爲甲子與丁壬兩長方亦分甲乙丙句股形爲甲乙丁與乙丁丙兩同式句股形其甲丁股與甲乙弦之比若甲乙股與甲丙弦之比爲連比例三率則甲乙中率自乘之甲戊方必與甲丁首率乘丁子即甲丙。末率

粵雅堂校刊

之甲子方相等又丁丙句與乙丙弦之比同於乙丙句與甲丙弦之比爲連比例三率則乙丙中率自乘之丙己方必與首率丁丙乘末率壬丙（卽甲丙）之丁壬方相等矣故開方得弦五也

再爲圖明之

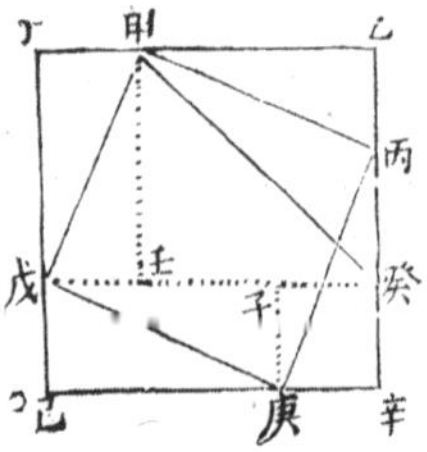

甲乙丙句股形卽丙辛庚庚己戊戊丁甲甲壬戊戊子庚各形也而甲乙癸壬則甲乙股自乘方子庚癸辛卽庚辛句自乘方亦卽乙丙句自乘方也而移甲乙丙以塡戊子庚又移丙辛庚以塡甲壬戊卽成甲戊丙庚方乃甲丙弦之自乘也

○二如句三弦五求股。
法以句三自乘得九。弦五自乘得二十五。相減餘十
六。開方得股。觀前圖可明。下條同
○三如股四弦五求句。
法以股四自乘得十六。弦自乘得二十五。相減餘九。
開方得句。
○法以句與股相乘。折半得積。
句股求積法
句股形求中垂線法
○如句六尺。股八尺。弦十尺。欲自甲角作垂線至弦。問長
若干。　曰四尺八寸。

法以乙丙弦十尺爲一率。甲乙句六尺爲二率。甲丙股八尺爲三率。推得四率四尺八寸。卽甲丁垂線

如圖甲丁垂線分甲乙丙句股爲甲丁乙甲丁丙二句股皆爲同式形故乙丙弦與乙甲句之比若甲丙弦與甲丁句之比也。

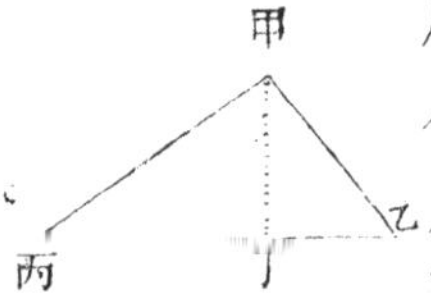

若問所分乙丙弦之大小則以甲乙句六尺自乘得三十六尺以乙丙弦十尺除之得乙丁三尺六寸若以甲丙股八尺自乘得六十四而以乙丙弦十尺除之得丁丙六尺四寸也蓋乙丙弦之比甲乙句若甲乙弦之比乙丁句爲三率連比例三率連比例以甲乙中率自乘爲實而以首率乙丙除之卽

得未率乙丁也。餘倣此。

句股求容方法

㊀如句五尺。股十二尺。問內容方幾何。　曰三尺五寸二分九釐零。

法以句五尺。乙丙即乙戊。與股十二尺。甲乙。相加得十七尺。即甲戊。為一率。句五尺乙丙。為二率。股十二尺甲乙。為三率。

求得四率容方邊三尺五寸二分九釐零。巳辛。如圖甲乙丙句股內巳庚乙辛其所容方也。將甲乙丙句股擴而大之為同式之甲戊丁句股內乙丙壬戊。其所容方也。法為甲戊比乙丙若甲乙

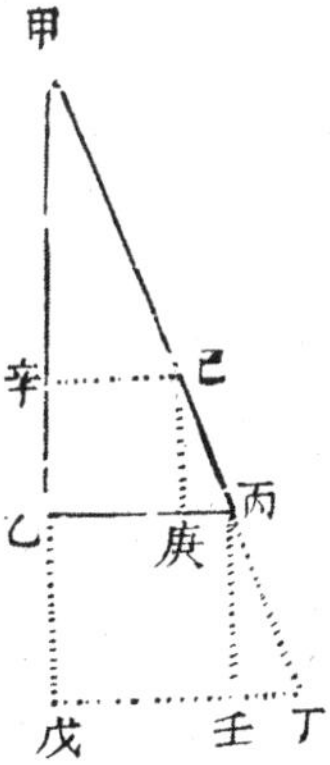

比辛已也

㊁如有方城一座四正開門自南門直行八里有一塔自西門直行二里切城角見塔問城每面若干　曰八里

法以二里與八里相乘得十六里開方得容方邊四里倍之得城每面八里

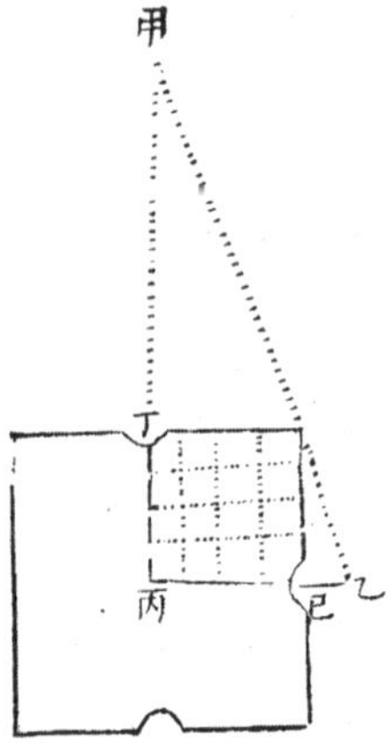

如圖甲至丁八里乙至已二里此首率與末率也丁至丙丙至已皆四里乃中率也首率與末率相乘之積同於中率自乘之積

三

如甲乙丙句股形內容丁巳丙戊長方形但知丁戊闊爲戊丙長四分之一從甲至戊四尺從乙至巳九尺問長方及句股各丈尺　曰長方闊三尺　長十二尺　句十二尺　股十六尺

法以四尺與九尺相乘卽首末率相乘得三十六尺爲內容長方之積首末率相乘之積卽中二率相乘之積用四歸之因闊爲四分之一故四分之而取其一得九尺開方得巳丙三尺卽長方之闊四因之得戊丙長十二尺十二尺加甲戊四尺得股十六尺又巳丙三尺加乙巳九尺得句十二尺如下圖四率之法甲戊比戊丁若丁巳與巳乙中

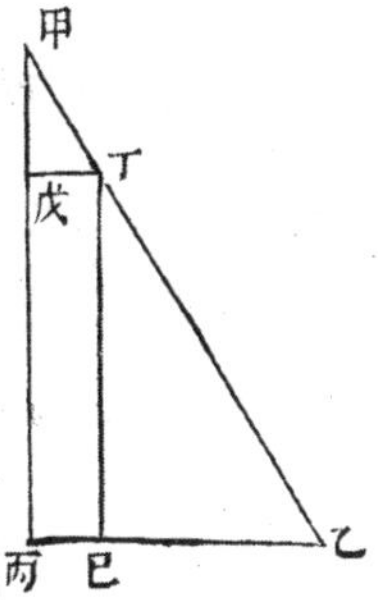

二率相乘與首末二率相乘同積也

句股求容員徑法

（一）如句八尺股十五尺弦十七尺問內容員徑若干　曰六尺

法以句八尺乘股十五尺得一百二十尺乃併句股弦三數得四十尺爲法除之得三尺爲容員半徑倍之得全徑六尺

如圖甲乙丙句股內容員形試自員心丁作丁甲丁乙丁丙三線卽分此句股形爲甲丁乙甲丁丙乙丁丙三三角形於是句股弦三線皆爲三角形之底邊而丁戊半徑皆其垂線矣以垂線乘一底邊爲長方

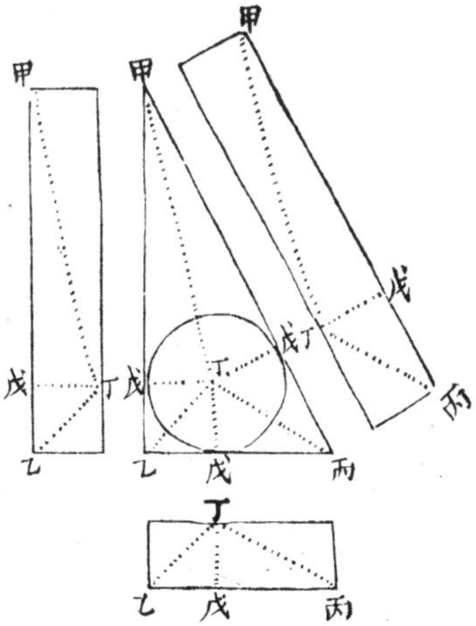

形。必比三角形大一倍。則連三底邊爲一。卽併句股弦三數也以乘丁戊垂線。必比三三角形大一倍。卽比原甲乙丙句股形大一倍矣。夫以句乘股得長方積。固句股形之倍積也。故併句股弦卽如連三底。而爲法以除之。以得乙戊垂線也。

㊁又法併句股共二十三尺。內減弦十七尺。餘六尺。卽容員全徑。如圖。既作甲丁丁乙丁丙三線。又作丁戊丁已丁庚三垂線。則弦之丙戊等句之丙已。弦之甲戊。

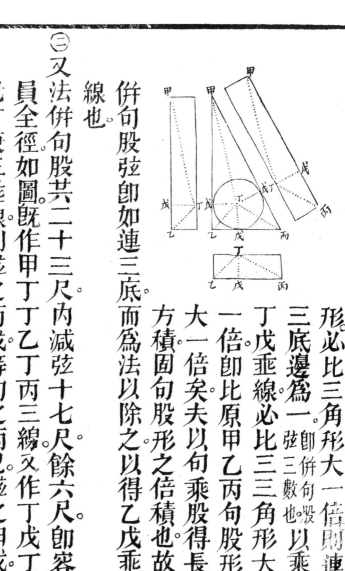

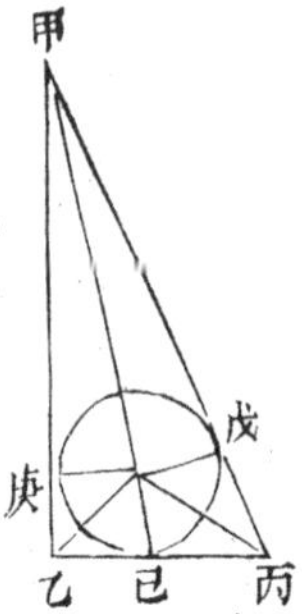

等股之甲庚。是甲乙股與乙丙句相併。所多於甲丙弦者。獨庚乙與乙己二段耳。今對減去其相等者。而餘此二段。每段長三尺。不共長六尺乎。而此二段。固與垂線平行。必相等也。乙庚與丁己平行。乙己與丁庚平行。

和較相求法 計六十則。先列目次如左。

句與股弦較求二色 一 舊有

句與股弦和求二色 二 舊有

股與句弦較求二色 附第一條 舊有

股與句弦和求二色 附第一條 舊有

弦與句股較求二色 三 舊有

弦與句股和求二色四　舊有

句弦和與股弦和求三色五　舊有

句股和與股弦和求三色六　新立

句股和與句弦和求三色附弟六條　新立

弦句較與弦股較求三色七　舊有

句股較與句弦較求三色八　變通舊法

股句較與股弦較求三色九　變通舊法

句股和句弦較求三色十　新立

句股和與股弦較求三色十一　新立

句弦和與股弦較求三色附弟十一　新立

句弦和與句股較求三色十二

題下所紀次序乃下文設如次序也其與題之次序異者以題之次序以類相從而設如之次序則以法相從故不得不異耳

①如有句十五尺股弦較五尺求二色股與句弦較求二色倣此法以句自乘以股弦較除之得股弦和和較相併折半得弦而股可知如圖　甲乙句十五尺　乙戊股二十尺　甲戊弦二十五尺丁戊戊丙同　丁乙股弦較五尺　乙丙股弦和四十五尺　三率連比例法甲乙中率自率以乙丁首率除之得乙戊末率也

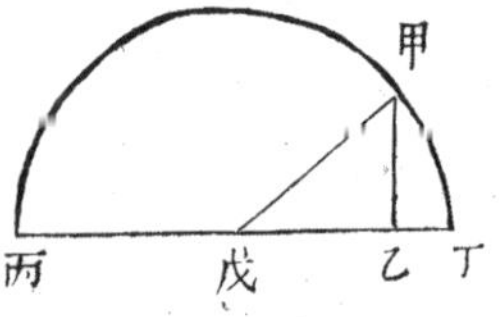

又圖。甲丙爲弦自乘方。甲巳爲股自乘方。乙巳丁磬折形與句自乘方積等。移丁巳爲壬丙。接連成乙壬長方。其長乙癸。卽股弦和。其闊庚乙。卽股弦較。故以較除句自乘積。而得和也。

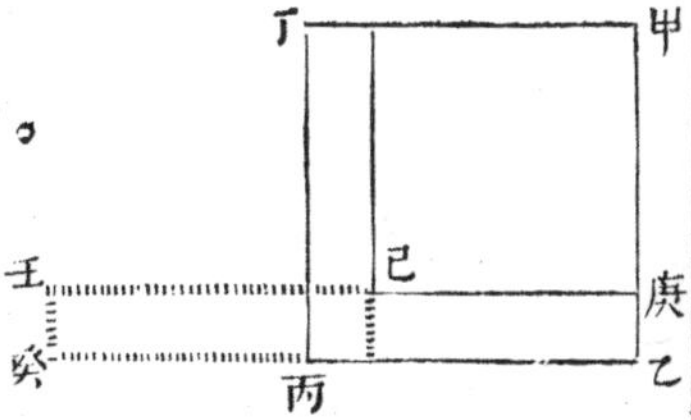

又法。以句自乘。又以股弦較自乘相減。餘折半以股弦較除之。得股。借上圖明之。　乙巳丁磬折形。減去股弦較自乘之巳丙方。餘乙巳巳丁二長方。折半而取其一。其闊庚乙。股弦較也。其長庚巳。股也。故以較除折半之積。而得股。

㊁如有句二十八尺。股弦和九十八尺。求股弦。股與句弦和求二色

粵雅堂校刊

倣此。法以句自乘以和除之得股弦較和較併折半得弦五十三尺理詳上條。

又法以句自乘又以股弦和自乘二數相併折半以股弦和除之得弦。

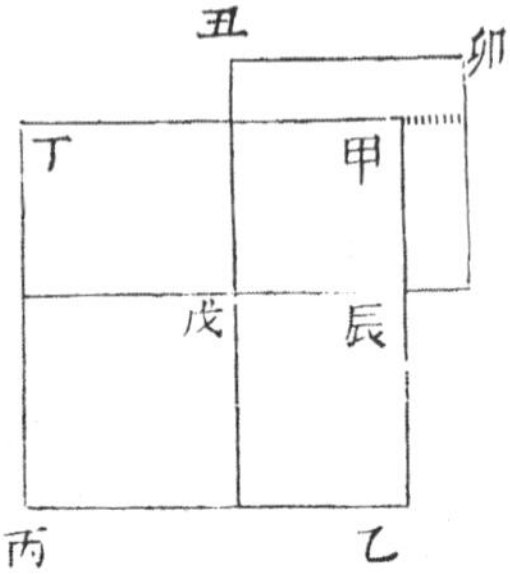

如圖甲丙為股弦和自乘方。丙戊丙為弦自乘方　甲戊為股自乘方乙戊丁戊並股弦相乘之長方。至句自乘之正方則與丑卯辰磬折形積等。然則以句自乘方如股弦和自乘方得弦自乘方二。甲戊股自乘方也。蓋以與句自乘方等積之丑卯辰磬折形即同弦自乘方與戊丙為二矣。股弦相乘長方二。故折半以股弦和除之而得弦也。

(三)如有弦三十四尺。句股較十四尺。求句股。

法以弦自乘。又以句股較自乘。相減。餘折半。爲句股相乘之長方積。用帶縱較數開方法算之。得句十六尺。股三十尺。

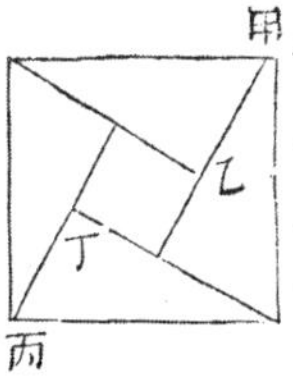

如圖。甲丙弦自乘方也。乙丁句股較自乘方也。相減餘四句股形。合之爲兩長方形。折半得一長方形。其闊卽句。其長卽股。故以帶縱法算之。

又法倍弦自乘數。減句股較自乘數。開方得句股和。和較併。折半得股。如圖。

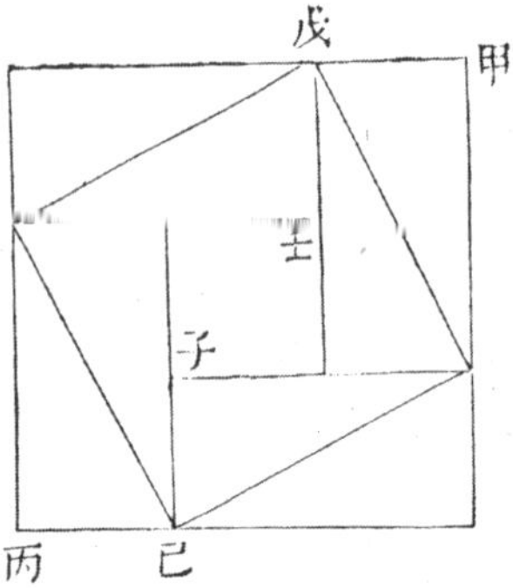

甲丙句股和自乘方也丙容八句股形及一壬子方戊巳弦自乘方也丙容四句股形及一壬子方倍之則容八句股形及兩壬子方故減一壬子方而其積遂與句股和自乘方等句股較自乘方卽壬子方也

㊃如有弦三十四尺句股和四十六尺求句股

法以弦自乘句股和自乘相減餘折半爲句股相乘之長方積用帶縱和數開方法算之借上圖明之甲丙句股和自乘方也戊巳弦自乘方也相減餘四句股形合之爲兩長方折半得一長方其長卽股其

開卽句也。

又法倍弦自乘數。八句股二壬子方。減句股和自乘數。八句股一壬子方。所餘。餘一壬子方。開方得句股較。

㊄如弦句和二十四尺。弦股和二十七尺。求三色。

法以二數相乘。倍之。開方得弦和和。弦共句股和相併也。於內減弦句和得股。而餘可知。如圖甲辛戊丁皆弦也。甲戊股也。辛乙句也。甲乙弦句和也。甲丁弦股和也。兩和相乘爲甲丙長方。內容寅號弦自乘方一。子號股弦相乘長方一。卯號句弦相乘長方一。丑號句股相乘長方一。倍之則爲下圖。其積則兩子號兩卯號兩丑號。

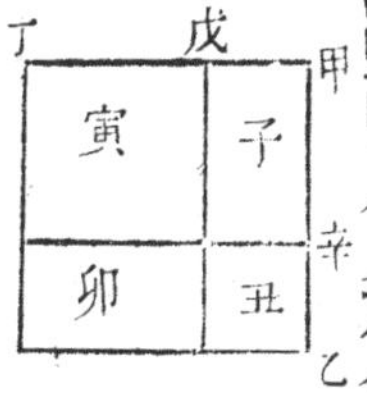

兩寅號也〇圈記者股自乘方也〇厶記者句自乘方也合之即爲弦自乘方與寅號爲二矣其邊則句股弦相和也〇甲乙句也〇己庚同乙丙股也〇戊己同丙丁弦也〇丁戊同〇

⑥如句股和二十一尺股弦和二十七尺求三色〇句股和句弦和求三色倣此〇

法以兩和各自乘相減餘二百八十八尺〇又以兩和相減餘六尺爲句弦較〇自乘得三十六尺〇與二百八十八尺相加得三百二十四尺〇開方得十八尺爲股與句弦較之和〇內減句弦較六尺〇餘十二尺爲股〇而餘可知〇如圖〇癸丑股癸午弦午寅和自乘方也〇子乾股

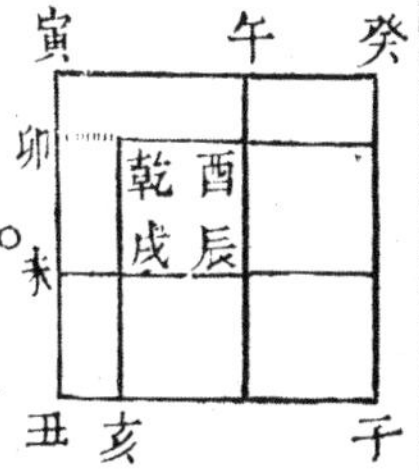

戊亥句戊乾和自乘方也相減所餘癸酉與戊丑兩長方及午卯戊磬折形夫寅未弦也則午未方乃弦自乘方也又酉辰句也辰乾方句自乘方也弦自乘方兼有句自乘方股自乘方二數今除去辰乾句自乘方則午卯戊磬折形積固與子辰股自乘方等矣試將所餘磬折形照子辰式改爲股自乘方而以所餘癸酉戊丑二長方附其兩旁如下圖

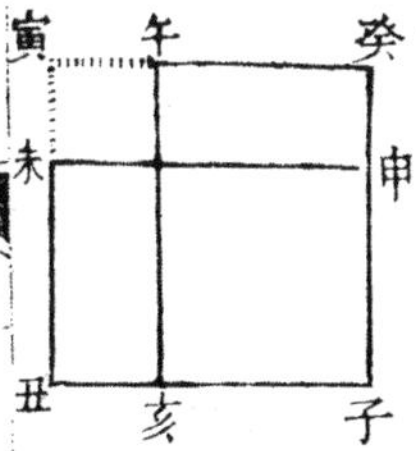

是有一方兩廉特缺一隅也故以句弦較自乘之午未方補之成癸丑正方故開之得股申子與子亥也與句弦較申癸

粵雅堂校刊

與亥丑也之和也

⑦如弦句較九尺弦股較二尺求三色。

法以兩較相乘倍之得三十六尺開方得弦和較。弦與句股和相差之數也。六尺加弦股較二尺得句八尺。弦本多股二尺今股益以句反多於弦六尺則句之爲八尺可知。若加弦句較九尺得股十五尺。如圖。甲丙弦自乘方戊丙股自乘方也。丁子巳磬折形與句自乘方等積者也。試作甲癸方爲句自乘方。必與丁子巳磬折形等積。然則壬巳與辛庚二長方。必與戊癸方等積也。而壬乙與辛丁皆弦甲乙句甲壬較也。乙巳與丁庚皆弦乙丙股巳丙較也。故以二較相乘得一長方倍之得二長方。即如得戊癸方開之而

得其邊丑癸爲弦和較也。已丙股也。加乙已爲弦。而乙已卽壬丑。再加丑癸與已丙接爲句股和。是句股和之多於弦者。乃丑癸也。

(八)如句股較三十四尺。句弦較三十六尺。求三色。

法以兩較相減餘二尺爲股弦較。句較股少三十四尺。句較弦則少三十六尺。是弦長於股二尺也。卽用上條法算之。

(九)如股句較十四尺。股弦較二尺。求三色。

法以兩較相加得十六尺爲句弦較。句不及股十四尺。股又不及弦二尺。故相加得十六尺。卽用上條法算之。

(十)如句股和二十三尺。句弦較九尺。求三色。股弦和句弦較求三色附。

法以二數相併得三十二尺爲股弦和。若股弦和句弦較求三色。

則以二數相減餘爲句股和。用第六條法求之

⑪如句股和十七尺股弦較一尺求三色句弦和股弦較求三色附。

法以二數相併得十八尺爲句弦和若句弦和股弦較求三色則以二數相減餘爲句股和。用第六條附法求之

⑫如句弦和二十四尺句股較三尺求三色股弦和句股較求三色附。

法以二數相併共二十七尺爲股弦和句股較三尺乃句不及股三尺也於句加三尺即變爲股故句弦和變爲股弦和也若股弦和句股較求三色則以二數相減餘爲句股和。用第五條法算之

⑬如句八尺弦和較弦與句股之和相較也。六尺求二色股弦較弦和較求三色附。

法以二數相減餘二尺爲股弦較如圖

甲乙爲句。乙丙爲股。甲丙爲句股和。丁丙爲弦。甲丁爲弦和較。丁乙爲股弦較。故於甲乙句內減甲丁弦和較。餘丁乙爲股弦較也。用句較求股弦法算之。　觀此則有股弦較弦和較求三色者。但以二數相加。卽得句矣。甲丁加丁乙卽得甲乙。

丙

如句八尺。弦較較。弦與句股較相較也。十尺。求二色。股弦較弦較較求二色附。法以二數相減。餘二尺爲股弦較。如圖。

甲乙爲股。丙乙爲句。甲丁爲弦。甲丙爲句股較。乙丁爲股弦較。丙丁爲弦較較。故於丙丁弦較較內減丙乙句。餘乙丁股弦較也。亦用句較求股弦法算之。　觀此則有股弦較弦較較求三色

算迪卷二　粤雅堂校刊

者。但以二數相減。卽得句矣。丙丁減乙丁。卽得丙乙。

⑮如句八尺。弦和和弦與句股和相併也四十尺。求二色。股弦和弦和和求三色附。

法以二數相減。餘爲股弦和。如圖。

甲乙爲句。乙丙爲股。丙丁爲弦。甲丁爲弦和和。故於甲丁弦和和內減甲乙句。餘乙丁股弦和也。用句和求股弦法算之。觀此則有股弦和與弦和和求三色者。但以二數相減。卽得句矣。甲丁減乙丁。得甲乙句。

⑯如句八尺。弦較和弦與句股之較相加也。二十四尺。求二色。股弦和弦較和求三色附。

法以二數相併爲股弦和如圖

甲乙爲句甲丙爲股乙丙爲句股較丙丁爲弦甲丁爲股弦和乙丁爲弦較和故以甲乙句與乙丁弦較和相加得甲丁股弦和也用句和求股弦法算之　觀此則有股弦和弦較和求三色者但以二數相減卽得句矣甲丁減乙丁。卽得甲乙句。

㊆如股十五尺弦和較十六尺求二色句弦較弦和較求三色附

法以二數相減餘九尺爲句弦較如圖

甲乙爲股乙丙爲句甲丙爲句股和丁丙爲弦甲丁爲弦和較丁乙爲句弦較故於甲乙股內減甲丁弦和較餘丁乙句弦較也用股較求句

弦法算之。觀此則有句弦較弦和較求三色者但以二數相加卽得股矣丁乙加甲丁卽得甲乙股。

(十八)如股十五尺弦較較十尺求二色。句弦和弦較較求二色附。

法以二數相加得二十五尺爲句股和如圖。

甲乙爲股甲丙爲句丙乙爲句股較丙丁爲弦甲丁爲句弦和乙丁爲弦較較故以甲乙股與乙丁弦較較相加而得甲丁句弦和也用股和求句弦法算之。觀此則有句弦和與弦較較求三色者但以二數相減卽得股矣甲丁減乙丁卽得甲乙股。

(十九)如股十五尺弦和和四十尺求二色。句弦和弦和和求三色附。

法以二數相減餘爲句弦和如圖

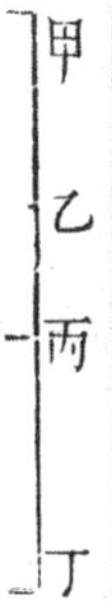

甲乙為股乙丙為句丙丁為弦甲丁為弦和和故於甲丁弦和和內減甲乙股而餘為句弦和也用股和求句弦法算之　觀此則有句弦和與弦和和色者但以二數相減即得股矣甲丁減乙丁即得甲乙股。

(三十)如股十五尺弦較和二十四尺求二色句弦較弦較和求三色附。法以二數相減餘九尺為句弦較如圖

甲乙為股丙乙為句甲丙為句股較丙丁為弦乙丁為句弦較甲丁為弦較和故於甲丁弦較和內減甲乙股餘乙丁句弦較也用股較求句弦法算之　觀此則有句弦較弦較和求三色者

但以二數相減卽得股矣甲丁減乙丁卽得甲乙股。

㉒如弦十七尺弦和較六尺求二色句股和弦和較求三色附。

法以二數相加得二十三尺爲句股和。如圖。

甲乙爲弦甲丙爲句丙丁爲股甲丁爲句股和乙丁爲弦和較故甲乙弦加乙丁弦和較而得甲丁句股和也用弦和求句股法算之觀此則有句股和弦和較求三色者但以二數相減卽得弦矣甲丁減乙丁卽得甲乙弦。

㉓如弦十七尺弦較較十尺求二色句股較弦較較求三色附。

法以二數相減餘爲句股較。如圖。

甲乙爲弦丙丁爲股乙丁爲句丙

乙爲句股較。甲丙爲弦較較。故甲乙弦內減甲丙弦較較。餘丙乙句股較也。用弦較求句股法算之。觀此則有句股較弦較較求三色者。但以二數相加卽得弦矣。丙乙加甲丙。卽得甲乙也。

(三)如弦十七尺。弦和和四十尺。求二色。句股和弦和和求三色附。

法以二數相減。餘爲句股和。如圖

甲乙爲弦。乙丙爲句。丙丁爲股。甲丁爲弦和和。故於甲丁弦和和內減甲乙弦。餘乙丁句股和也。用弦和求句股法算之。觀此則有句股和弦和和求三色者。但以二數相減。餘卽弦矣。甲丁減乙丁。餘甲乙弦。

（廿四）如弦十七尺。弦較和二十四尺。求二色。句股較弦較和求三色附。

法以二數相減。餘七尺爲句股較。如圖。

甲乙爲弦。乙丙爲股。丁丙爲句。乙丁爲句股較。甲丁爲弦較和。故於甲丁弦較和內減甲乙弦。餘乙丁句股較也。用弦較求句股法算之。觀此則有句股較弦較和求三色者。但以二數相減卽得弦矣。甲丁減乙丁。卽得甲乙弦。

（廿五）如弦和較六尺。弦較較十尺。求三色。

法以二數併折。得句八尺。如圖。

甲乙爲股。戊乙乙丙皆爲句。甲丙爲句股和。甲戊爲句股較。甲丁爲弦。丁丙爲弦和較。

戊丁爲弦較較故丁丙弦和較與戊丁弦較較相併得戊丙爲二句之共數是以折半得句也用句與弦和較求二色法算之

（二六）如弦和較六尺弦較和二十四尺求三色

法併二數折半得股十五尺倣句與弦和較求二色法算之如圖

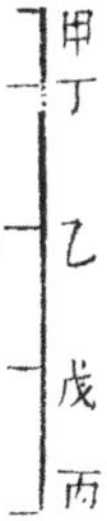

甲乙乙丙皆爲股丁乙爲句丁丙爲句股和甲丁爲句股較丁戊爲弦戊丙爲弦和較甲戊爲弦較和故戊丙加甲戊爲二股之共數折半得一股也

（二七）如弦和和四十尺弦較和二十四尺求三色

法以二數相減餘折半得句八尺用句與弦和和求二色法算之如圖

甲乙爲弦乙丙爲股丙丁爲句。乙戊爲句股較甲子爲弦和和甲戊爲弦較和故於甲丁弦和和內減甲戊弦較和餘戊丁卽二句戊丙亦句也。之共數是以折半得句也

（三八）如弦和和四十尺弦較較十尺求三色

法以二數相減餘折半得股十五尺倣句與弦和和法算之如圖

甲乙爲弦乙丙爲句丙丁爲股戊乙爲句股較甲丁爲弦和和甲戊爲弦較較故於甲

丁弦和和內減甲戊弦較較餘戊丁卽二股之共數戊丙亦股也。是以折半得股也

(二九)如弦較和二十四尺弦較較十尺求三色

法併二數折半得弦十七尺用弦與弦較和求二色法算之如圖

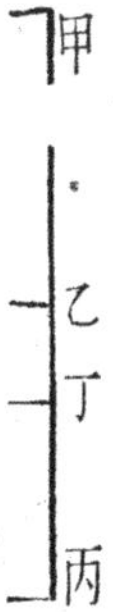

甲乙乙丙皆爲弦乙丁爲句股較甲丁爲弦較和丁丙爲弦較較故甲丁弦較和加丁丙弦較較得二弦共數而折半得弦也

(三十)如弦和和四十尺弦和較六尺求三色

法以二數相減餘折半得弦十七尺用弦與弦和和求二色法算之如圖

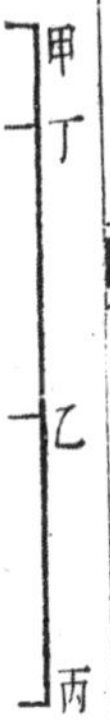

甲乙爲句股和。乙丙爲弦甲丙爲弦和和。甲丁爲弦和較。故於甲丙弦和和內減甲丁弦和較。餘丁丙爲二弦之共數。而折半得弦也。

㊂如句股較七尺。弦和和四十尺。求三色。

法以二數相減。餘三十三尺。爲兩句一弦之共數。弦和和者。一句一股一弦也。於股內減多句七尺。則股又爲句矣。故變爲二句一弦也。自乘得一千零八十九尺。成甲丙方。又以句股較七尺自乘得四十九尺。爲午申方。相減餘一千零四十尺。折半得五百二十尺。成圈記之甲巳辰磬折形。及圈記之兩句股形。而移巳辰接甲巳。又合二句股爲一庚寅長方。其闊卽句。其長卽股。辛辰弦也。辛酉句也。酉辰股也。

移接已庚遂通連成甲寅長方其闊亥寅卽句其長甲亥爲兩句甲壬癸丁兩弦壬癸丁庚一股庚亥長闊相和甲亥加亥寅卽爲三句兩弦一股乃以弦和和一句一股一弦也併兩句一弦一句一弦一股加兩句一弦正合三句兩弦一股其數三十三尺爲長闊相和用帶縱和數開方法算之得闊八尺爲句而餘可知

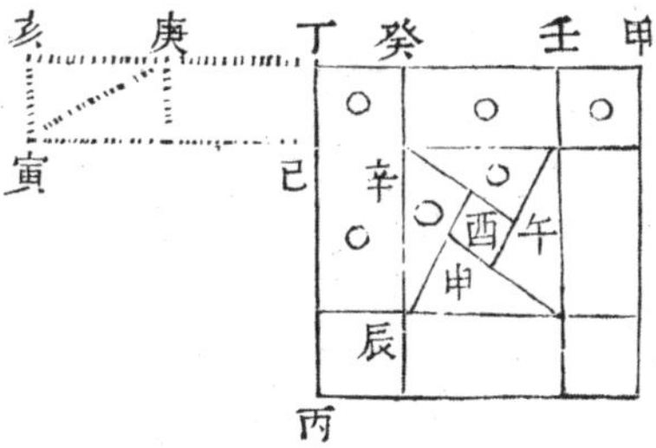

又法以弦和和自乘得一千六百尺折半得八百尺爲長方積以句股較七尺爲長闊較用帶縱較數開方法開之得闊二十五尺爲句弦和得長三十二尺爲股弦和用兩和求三色法算之

理詳兩和求三色法。

㉜如句弦較九尺。弦和和四十尺。求三色。

法以二數相減。餘三十一尺。為兩句一股共數。弦和和乃一股一句一弦。今於弦內減句弦較九尺。則弦變為句。故為二句一股也。自乘得甲丙方。

又以弦和和加句弦較。為兩弦一股之共數。本一弦一股一句。今於句內加句弦較。則變句為弦。故為兩弦也。自乘得午申方。相減餘。用四歸分之。得圈記之亥離艮磬折形。即股自乘方。酉辛弦自乘方也。丁辛句自乘方也。則此磬折形即股自乘方。及壬亥長方。其長壬坎股也。其闊亥坎句弦較也。將磬折形變為戌亥股自乘正

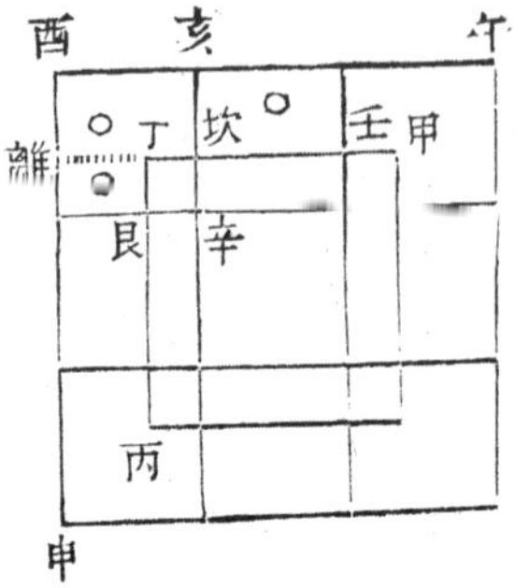

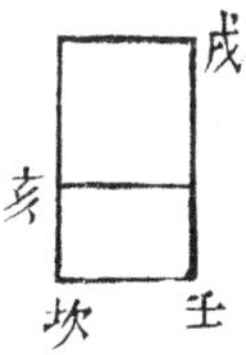

方與壬亥長方相加成戌坎長方其闊壬坎股其長戌壬股與句弦較也乃以句弦較九尺爲長闊較用帶縱較數開方法開之得闊十五尺爲股而餘可知

（三三）如股弦較二尺弦和四十尺求三色

法倣上條

（三四）如句股和二十三尺弦較十尺求三色

法以句股和自乘爲甲丙方　又以句股和與弦較較相加爲兩句一弦其數如圖

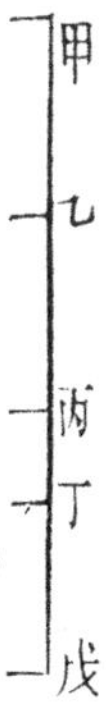

甲乙丙皆句也乙丁股也

丙丁句股較也甲丁句股和也丙戊弦也丁戊弦較

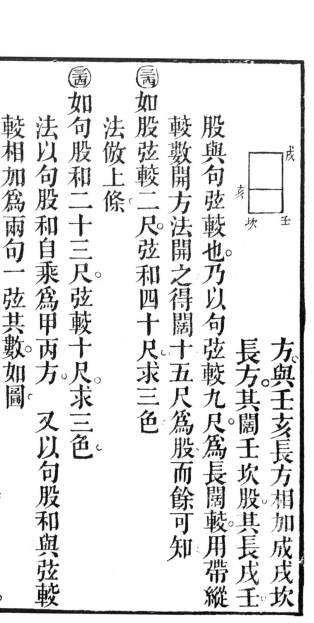

較也。以丁戊弦較較。加甲丁句股和。故爲兩句甲乙乙丙一弦丙戊之共數。自乘爲癸丑方。相減餘爲卯巽兌磬折形與句自乘方等。卯巳弦自乘方也。內除震辰股自乘方。則此磬折形。卽句自乘方。又餘亥申申子申艮三个句自乘方。又餘癸未丑

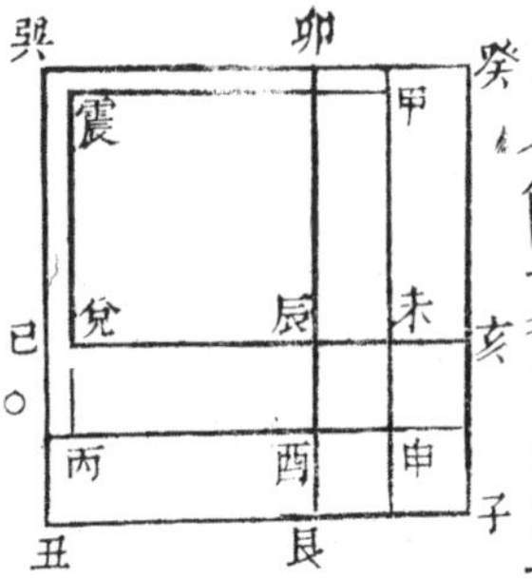

酉弦句相乘之二長方。又餘甲卯巳丙句乘股弦較之二小長方。此二小長方若各合於句自乘之二正方。卽成句與弦較較相乘二長方。蓋句加股弦較。卽弦較較也。何則。一句加一句股較。卽股也。一股加一股弦較。卽弦也。然則一弦之內包有一句一句股較一股弦較三數在內

今於弦內減去句股較。以其餘爲弦較較。是弦較較即一句加一股弦較也。詳第三十九條。於是合而計之。則爲句自乘二正方句弦相乘二長方句與弦較較相乘二長方折取一半而連爲長方形如下圖。

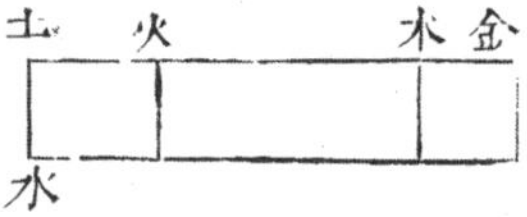

其闊即句。其長爲一句金木。一弦木火。一弦較較火土。其長闊相和金土與土水和。爲兩句一弦一弦較較於是以弦較較與兩句一弦之共數相加用帶縱和數開方法算之得闊爲句也而餘可知矣。

(三十五)如句股和二十三尺弦較和二十四尺。求三色。

法以句股和自乘爲甲丙方。又以弦較和自乘爲癸

丑方相加爲申戌長方乃倍弦較和爲長闊較用帶縱較數開方法開之得十七尺爲弦而餘可求如圖

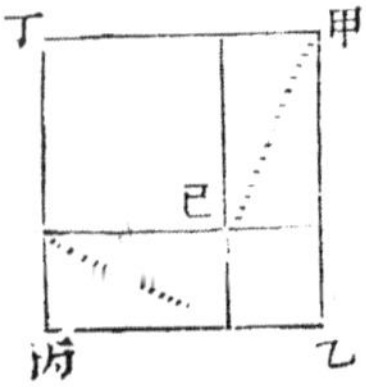

甲丙方丙藏丁己股自乘方一己丁句自乘方一甲己己丙句股相乘長方二

癸丑方丙藏寅辰弦自乘方一辰子句股較自乘方一癸辰辰丑弦乘句股較長方二

二方相併則得弦自乘方三寅辰一弦方也丁己一股方合己乙一句方亦即一弦方也又甲己己丙句股相乘之二長方剖之成四句股合辰子句股較自乘方又即一弦方也

句股較與弦相乘長方二合成下圖

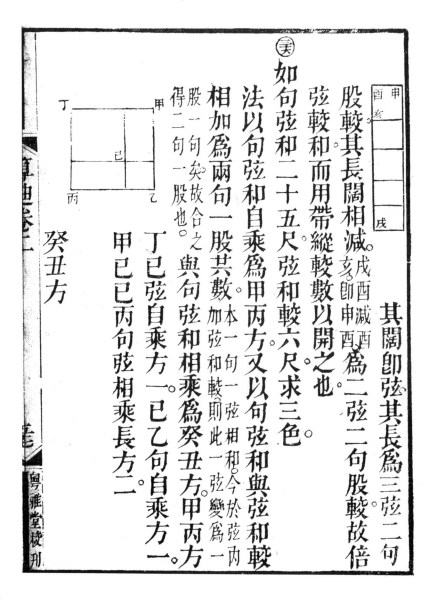

其闊卽弦。其長爲三弦二句股較。其長闊相減。戌酉減酉亥卽申酉。爲二弦二句股較。故倍弦較和而用帶縱較數以開之也。

（三六）如句弦和二十五尺。弦和較六尺。求三色。

法以句弦和自乘爲甲丙方。又以句弦和與弦和較相加爲兩句一股共數。本一句一弦相和。今於弦內加弦和較。則此一弦變爲一股一句矣。故合之得二句一股也。與句弦和相乘爲癸丑方。甲丙方丁巳弦自乘方一。巳乙句自乘方一。甲巳巳丙句弦相乘長方二。

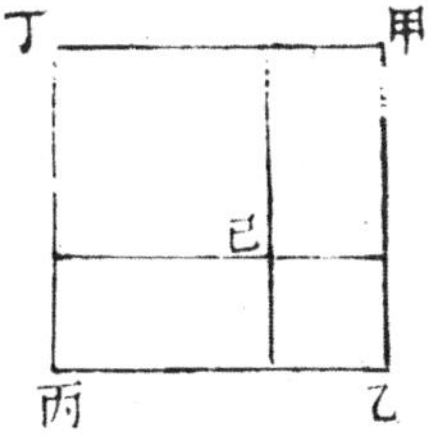

癸丑方

寅辰股自乘方一。未亥句自乘方一。合二者。與上圖丁巳弦方等。癸未未卯句乘弦之長方二。與上圖甲巳巳

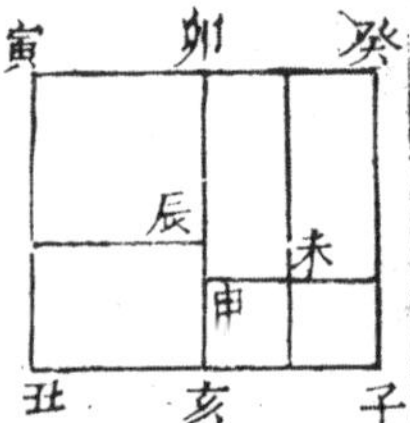

丙二長方等。未子句自乘方一。與上圖巳乙方等。於是相減。餘辰丑長方。其亥丑長。即股。其辰亥。亥丑長闊相和。即句弦和。亥丑即卯辰。則亥丑加辰亥。即卯辰加辰亥。成卯亥也。卯亥內分卯申為弦。申亥為句。故曰句弦和。於是以帶縱和數開方法開之。得長十五尺為股。而餘可知。

㊲如句弦和二十五尺。弦較和二十四尺。求三色。

法以句弦和自乘。為甲丙方。又以兩和相加。得四十九尺。為兩弦一股之共數。句弦和一句一弦也。弦較和一句股較一弦也。句

加一句股較。卽變爲股。故爲兩弦一股。

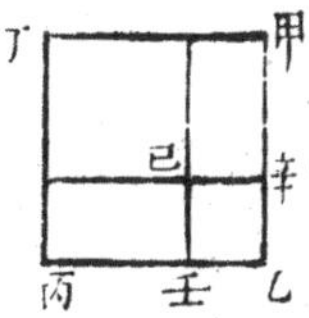

自乘爲癸丑方。如圖甲丙方丙已丁弦自乘方一。已乙句自乘方一。甲已已丙句弦相乘長方二。癸丑方丙寅辰弦自乘方四。辰子股自乘方一。癸辰辰丑股弦相乘長方四。

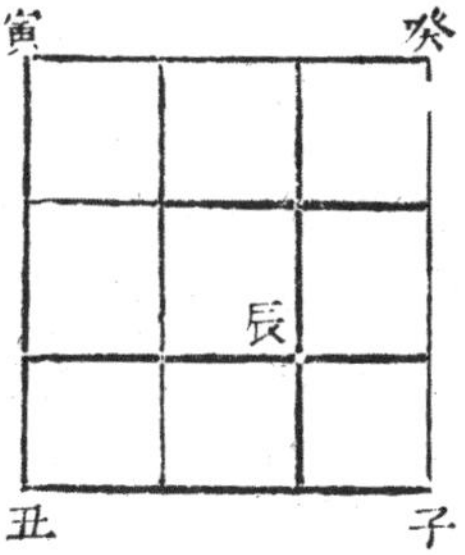

於是以兩圖相併得弦自乘方六。已乙句自乘方。合辰子股自乘方亦成一弦自乘方。句弦相乘長方二。股弦相乘長方四。合之爲乾艮一長方

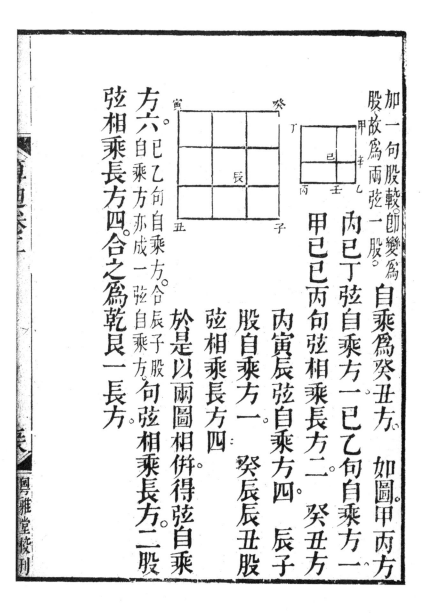

其闊卽二弦其長卽三弦一句二股其長闊相

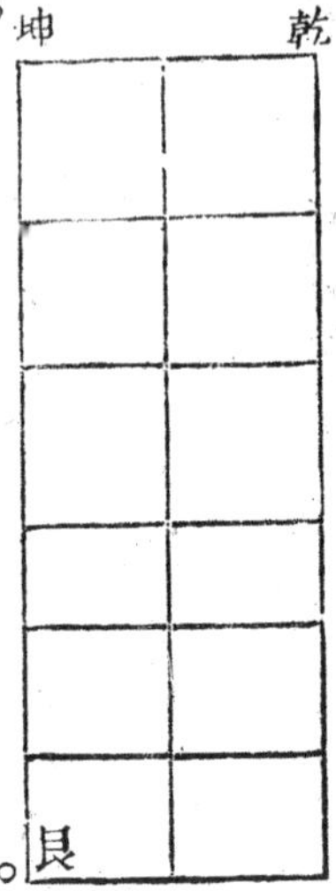

和。乾坤與坤艮和。爲五弦一句二股於是將兩弦一股之共數倍爲四弦二股加入句弦和之一弦一句適合五弦一句二股之數用帶縱和數開方法開之得闊爲二弦。折半得弦而餘可知

(兲)如股弦和三十二尺弦和較六尺求三色。

法以股弦和自乘爲甲丙方又以股弦和加弦和較。得三十八尺爲兩股一句之共數股弦和一股一弦也弦和較六尺。弦不及句股相和六尺也則於弦加六尺而此一弦遂變爲一股一句矣故合爲二股一句也。與股

弦和相乘爲癸丑方。

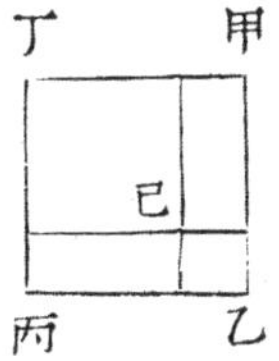

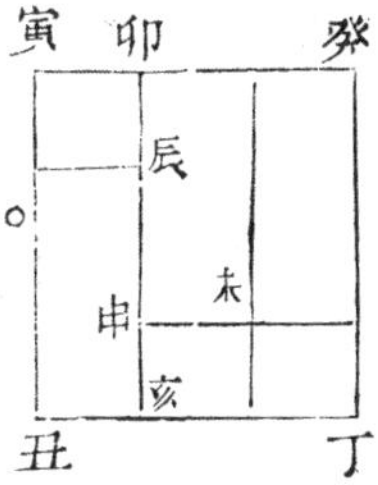

甲丙內丁已弦自乘方一。已乙股自乘方一。甲已已丙股弦相乘長方二。癸丑內未丁股自乘方一。寅辰句自乘方一。合二方與上圖丁已弦自乘方等。卯未未癸股弦相乘長方二。與上圖甲已已丙二長方等。未亥股自乘方一與上圖已乙方等。

於是兩圖相減所餘辰丑一長方。其亥丑闊卽句。其辰亥長與亥丑闊相和。卽股弦和。亥丑卽卯辰合辰亥成卯亥。爲卯申弦申亥股和也。於是以帶縱和數開方法開之得闊爲句而餘可知。

（三九）如股弦和三十二尺。弦較較十尺。求三色

法以股弦和自乘爲甲丙方。又以股弦和加弦較較

得四十二尺爲兩弦一句之共數。如圖。

甲丁弦也。乙丁股也。甲乙股弦

較也。乙丙句也。丙丁句股較也。甲丙弦較較也。而甲

丙中兼有乙丙句。與甲乙股弦較。是弦較較者。一句

一股弦較之共數也。今與股弦和相併。則得一句一

股弦較一股一弦。而此一股加此一股弦較卽變股

爲弦。故爲兩弦一句也。以此共數自乘爲癸丑方。甲

丙內丁巳弦自乘方一。巳乙股自乘方一。甲巳巳丙

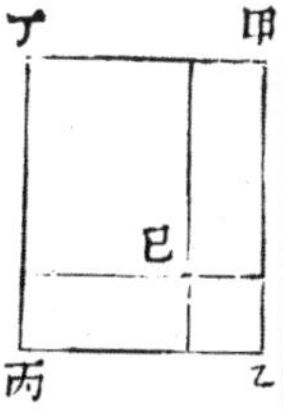

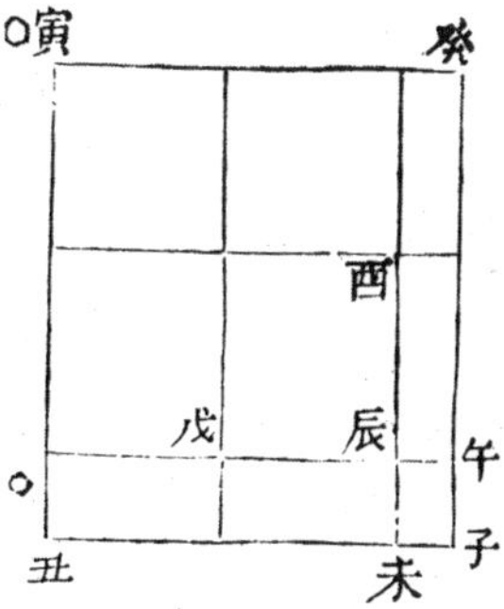

股弦相乘長方二。癸丑丙寅辰弦自乘方四辰子句自乘方一。癸酉酉午丑戊戊未句弦相乘長方四。於是以兩圖相併。得弦自乘方六。辰子句自乘方。合己乙股自乘方。亦弦自乘方也。股弦相乘長方二。句弦相乘長方四合成乾艮形。

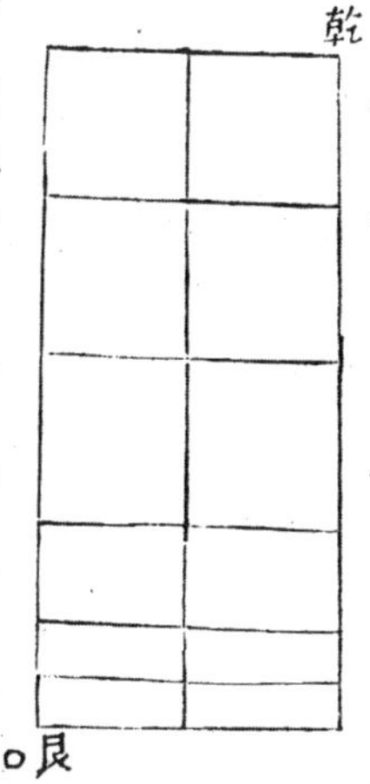

於是將兩弦一句之其數倍爲四弦二句與股弦和其闊爲二弦。其長爲三弦一股二句。其長闊相和爲五弦一股二句

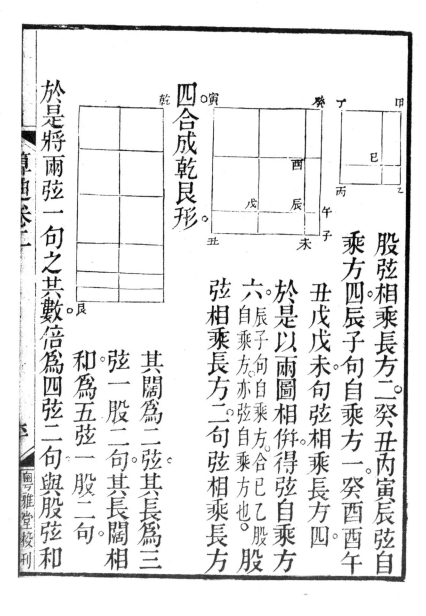

相加。為長闊和。用帶縱和數開方法開之。得闊。為二
弦折半。得弦。而餘可知。

(四十)如句股較七尺。弦和較六尺。求三色。

法以弦和較六尺自乘。為戊癸方。甲丙弦自乘方也。
戊丙股自乘方也。丁午庚磬折形。即句自乘方也。與
甲癸方等積。甲癸既等丁午庚。
則戊癸必等丁子與丑乙。於是
以戊癸弦和較自乘方。試照子戊度為午未。則未戊即午子句也。戊辛股也。未辛句股和也。午辛弦也。

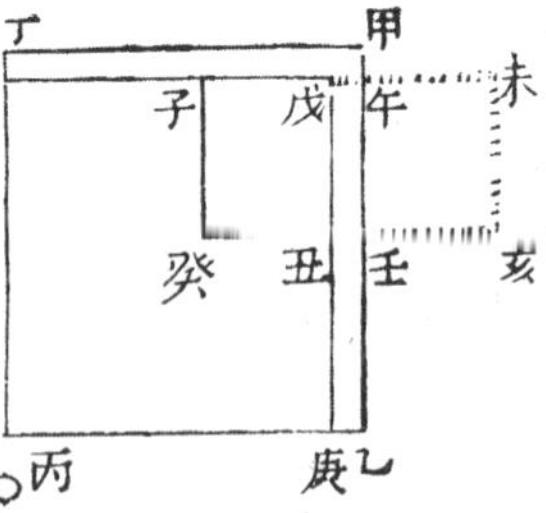

未午弦和較也。子戊未午亦弦和較也。故戊癸為弦和較自乘也。折半為丑乙方。其
闊壬丑。即股弦較。其長壬乙。即股弦較加句股較。蓋長

爲句股較。句弦較中兼有股弦較句股較二數也。如圖。

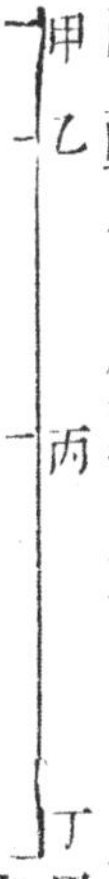

甲丁弦也。丙丁句也。乙丁股也。甲丙句弦較也。乙丙句股較也。甲乙股弦較也。故甲丙句弦較中。兼有甲乙股弦較乙丙句股較二數也。於是以句股較七尺爲長闊較。用帶縱較數開方法開之。得闊二尺爲股弦較。與弦和較六尺相加。得八尺爲句。股本少弦二尺。今股與句和。反多於弦六尺。則句之爲八尺可知矣。而餘可知。

㊺如句弦較九尺。弦較較十尺。求三色。

法以弦較較爲一句與一股弦較之共數。詳上股弦和弦較較求三色條。自乘爲甲丙方。又以句弦較與弦較較相加。爲一弦與一股弦較之共數。弦較較既爲一句一股弦較之共數。今加句弦較。則此一句遂變爲弦。故向之爲一句一股弦較共數者。今爲一弦一股弦較共數也。自乘得癸

粤雅堂校刊

丑方。

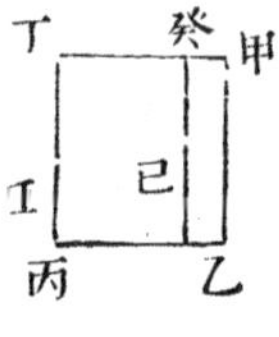

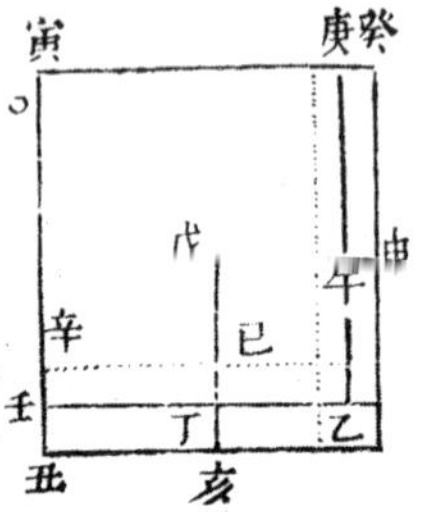

丁癸丁壬皆句也。甲癸壬丙皆股弦較也。丁巳句自乘方也寅庚寅壬皆弦也。寅卯寅辛皆股也。庚卯辛壬皆股弦較也。癸庚同庚卯丑壬同壬辛亦股弦較也。寅乙弦自乘方也。以兩方相減於癸丑方內減去等甲丙之申亥方所餘庚午戊丁壬寅磬折形與股自乘方等。戊乙方等丁巳句自乘方也。於寅乙弦自乘方。內減之則餘爲股自乘方矣。又餘癸午丁丑句弦較。庚乙乙壬皆弦也。午乙乙丁皆句也。庚午丁壬皆句弦較也。與股弦較癸庚壬丑相乘二長方。卽同卯午辛丁二長方與戊己弦和較自乘方等詳上條。於是將上項磬折形變爲戊坎方而與戊己弦和較自乘方相接連如下圖

此二方邊之較卽句弦較也。戊兌戊離皆股也。戊巽戊坤皆等戊乾弦和較也。兌巽坤離皆股多於弦和較之較也。股十五尺。除弦和較六尺。餘九尺。則句弦較也。爲圖明之。

甲乙股也。乙丙句也。丁丙弦也。丁乙句弦較也。甲丁弦和較也。故甲乙股內兼有甲丁弦和較。丁乙句弦較二數也。於是以句弦較自乘爲艮坎方。於戊坎方內減之餘兌戊離震艮申磬折形合之戊己形得戊己戊艮相等之兩正方兌艮艮離相等之兩長

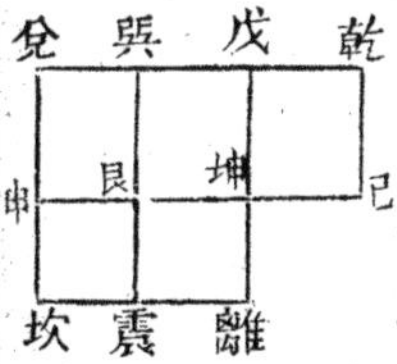

方。其闊卽弦和較。其長卽弦和較加句弦較。猶云其長卽股。於是以句弦較爲長闊較用帶縱開方法開之得長爲股。而餘可知。

又法以弦較較爲句與股弦較之共數。與句弦較相加爲弦與股弦較之共數。兩數相併爲一句一弦二股弦較之共數。並詳本條之首。與句弦較相乘

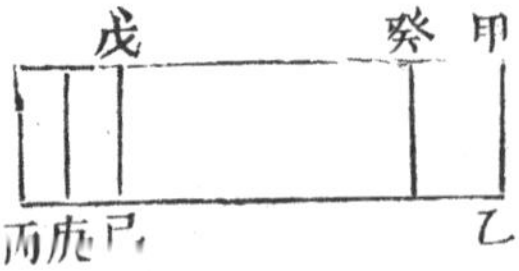

爲甲丙長方。甲癸一句。癸戊一弦。巳丙二股弦較。甲巳句弦較。甲乙句弦較九尺。與句弦和甲癸句八尺。癸戊弦十七尺。共二十五尺。相乘方也。與上圖戊坎股自乘方等。詳第一條做法。戊丙句弦較戊巳與股弦較巳庚相乘二長方也。與上圖戊巳弦和

較自乘方等。詳上文。仍依上法算之

（四三）如股弦較二尺弦較和二十四尺求三色。

法以弦較和減股弦較餘為股與句股較之共數。弦較和乃一弦一句股較相和也。於此一弦內減股弦較。則弦變為股。是向之一弦一句股較者。今變為一股一句股較也。自乘為甲丙方。又以弦較和自乘為癸丑方。

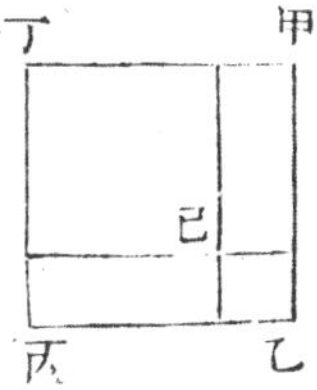

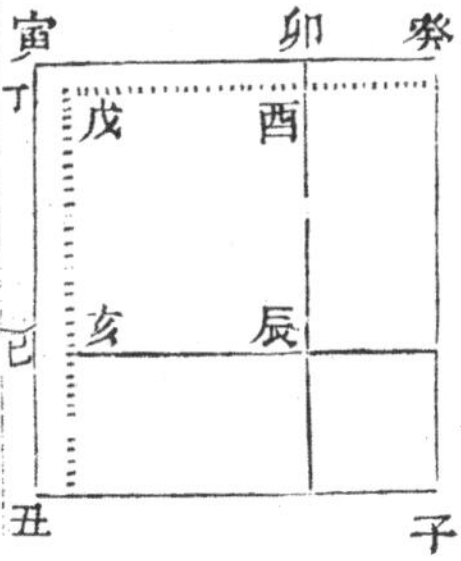

丙丁巳股自乘方一。巳乙句股較自乘方一。甲巳巳丙股與句股較相乘長方二。

丙寅辰弦自乘方一。辰子句股較自乘方一。與上圖巳乙等。癸辰辰丑弦與句股較相乘長方二。

兩方相減於癸丑方內。減去等甲丙之戊子方。餘卯丁亥磬折形爲寅辰弦自乘方內所容之句自乘方積。寅辰弦自乘方內減與丁巳等之戊辰股自乘方。則所餘磬折形即句方也。又餘癸酉亥丑句股較癸卯巳丑乘股弦較卯酉巳亥長方。二轉於甲丙方內減去前二項所餘之積。

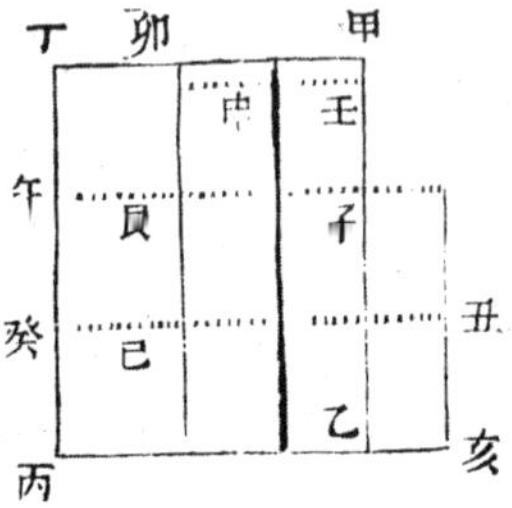

一減去丁艮句自乘方。其積與卯丁亥磬折形等。一減去甲申與申卯二長方。其積與癸酉亥丑二長方等。所餘爲句減股弦較甲子句也。減甲壬股弦較餘壬子。乘句弦較壬申二長方。又餘午巳巳丙股巳癸與句股較午癸癸丙相乘二長方。又餘子巳巳乙爲句股較自乘二正方。而移子申申艮。爲子丑丑乙。合而爲午亥一大長方。其闊（丙午即二句股較）。其長（丙亥即二股減一股弦較）。其長闊和爲二句股較二股少一股弦較。於是以股與句股較之共數倍之。得二股二句股較。內減去一股弦較。爲長闊和。用帶縱和數開方法開之。得闊爲二句股較。折半得句股較。於弦較和內減之。餘爲弦。而他可知。

又法以弦較和減股弦較。爲股與句股較之共數。（詳上）自乘爲甲丙方（卽上圖）。又以股與句股較共數加弦較和。爲一股一弦二句股較共數。（弦較和乃一弦一句股較也。加一股與一句股較。共得一弦一股二句股較。）以股弦較二尺乘之。爲癸丑長方丙癸辰爲股弦較乘股弦和之長方。與上圖丁艮句自乘方等。見第一條。寅辰爲股弦較乘二句股較之長方。與上圖甲戌長方等。兩圖相減。仍用上法算之。

句股積與和較相求法

(一)如句股積六尺。有句三尺。求二色。有股求二色倣此。

法倍積。以句除之。卽得股。而弦可知。

(二)如前積。有弦五尺。求二色。

法四因前積。又以弦自乘得積相減。餘開方得句股

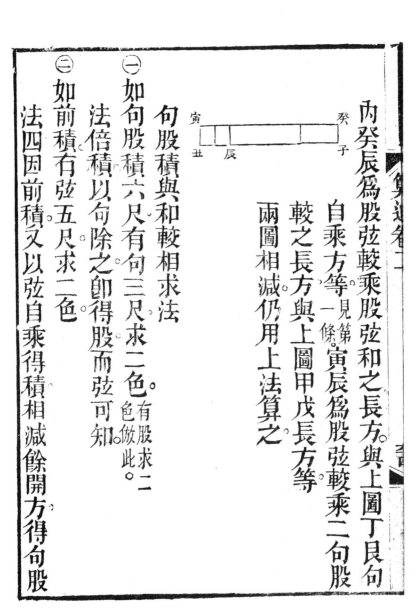

較用第三條法算之

（三）如前積有句股較一尺求三色句弦較股弦較者附帶縱立方法後。法倍積以較一尺爲帶縱用帶縱較數開方法算之。

（四）如前積有句股和七尺求三色句弦和股弦和者附帶縱立方法後。法八因前積又以和七尺自乘得積兩數相減餘開方得句股較和較相減餘折半得句理詳第二條。

（五）如前積有弦和和十二尺求三色法四因前積又以弦和和自乘爲甲丙方積兩積相減餘折半以弦和和除之得弦於弦和和內減之餘爲句股和用第四條法算之如圖

丁巳句自乘方。巳壬股自乘方。壬乙弦自乘方。辰巳巳酉並句股相乘長方其積卽四句股積也減去則餘壬

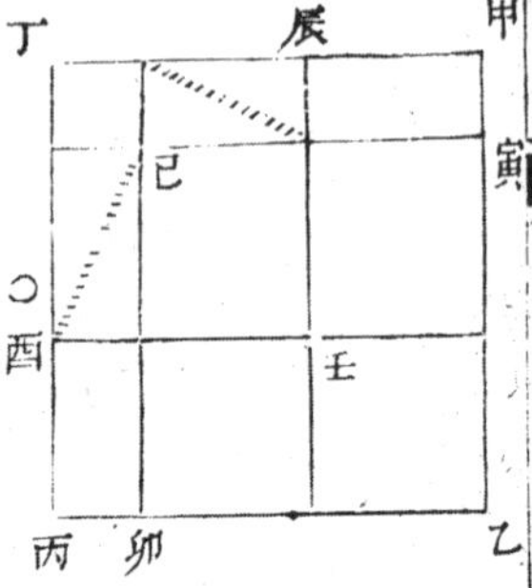

乙一弦方又餘丁巳一句方與巳壬一股方合之亦一弦方。又餘辰寅卯酉句乘弦之二長方。又餘寅壬壬卯股乘弦之二長方折半止餘一乙壬弦自乘方。壬寅弦乘股長方。寅辰。弦乘句長方。合之爲辰乙一大長方其闊卽弦其長卽弦和和。故以弦和和除之而得弦也

⑥如前積有弦和較二尺求三色。

法四因前積。以弦和較除之爲弦和和數内減弦和

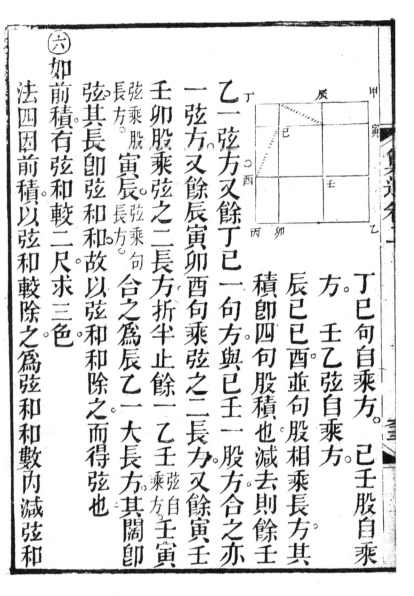

較餘折半爲弦。加弦和較爲句股和。用第四條法算之。如圖　甲丁爲句股和　丙丁爲弦。　甲丙爲弦和較　甲戊爲句股和自乘方。　丁已爲弦自乘方。二方相減。其甲乙戊庚已丙磬折形與四前積相等。蓋句股和自乘方內容八句股積及一句股較自乘方積。弦自乘方內容四句股積及一句股較自乘方積。並詳第三條。今相減故所餘乃四个句股積也。引而長之。如甲戊方。其闊卽弦和較。其長卽弦和和。故以弦和較除之。而得弦和和也。

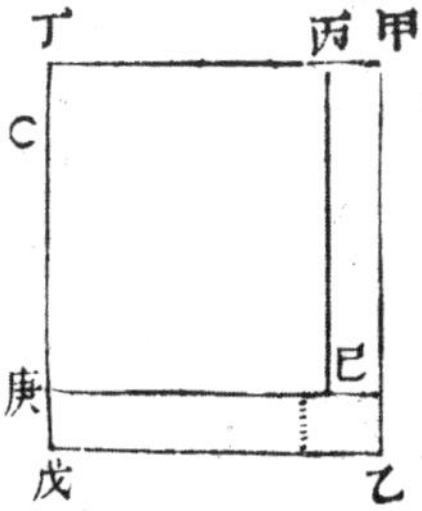

㈦

如前積。有弦較和六尺。求三色。

法四因前積。又以弦較和自乘。得甲丙方積。兩相減。

餘折半以弦較和除之得句股較於弦較和內減之餘爲弦用第三條法算之如圖

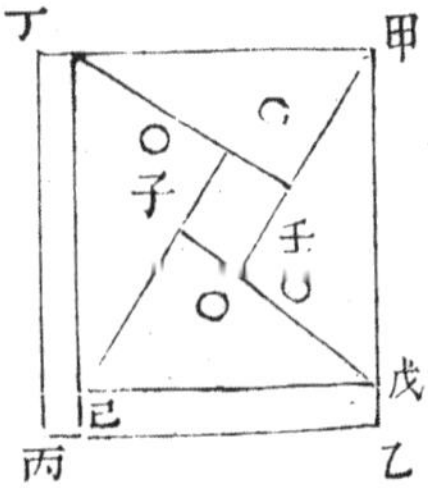

內減去圈記之四句股積餘子壬與已丙句股較自乘方二丁已已乙弦乘句股較長方二折半則止餘乙已（弦乘句股較長方一）已丙（句股較自乘方一）合成戊丙長方一其乙丙長則弦較和其戊乙闊則句股較故以弦較和除之得句股較也

八 如前積有弦較較四尺求三色

法四因前積又以弦較較自乘得已乙方積兩相減餘折半以弦較較除之得句股較以加弦較較得弦

用第三條法算之。如圖

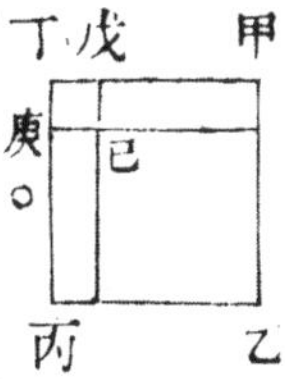

已乙弦較較自乘方。甲乙丙庚已戊磬折形其積與四句股等相減則餘甲已已丙二長方折半得甲已一長方其長甲戊即弦較較其闊戊已即句股較故以弦較較除之得句股較也。然何以知前項磬折形積與四句股等蓋甲戊弦較較加戊丁句股較即弦也句股較一與弦五相較則弦多四以弦較較四加句股較一即爲弦五也弦自乘丁乙方內容四句股積及一句股較自乘之丁已方。然則除卻丁已方所餘前項磬折形爲四句股積無疑也

正句股比例凡三者之數合於句三股四弦五之定率者。爲正句股。

㊀如有正句股其句十二尺求股弦
法以句三定率除句十二尺得四知今形爲四倍乃以股定率四弦定率五俱用四因之得股十六弦二十

㊁如正句股其句股相和六十三尺求三色
法以定率句三股四相併得七以除六十三得九知今形爲九倍乃以定率句三股四弦五俱用九因之得句二十七股三十六弦四十五

㊂如正句股其弦和和六十尺求三色
法以定率三四五相併得十二尺以除六十尺得今所設爲五倍如上法因之

㊃如正句股其句九尺股十二尺求內容方邊

法以股十二尺七歸三因得內容方邊五尺一寸四分二釐八毫有餘或以句九尺七歸四因亦得蓋句三股四者其求容方邊則以句股和七分爲一率句三分爲二率股四分爲三率推得四率爲容方邊是容方邊得句七分之四以首率七分除次率句三分而以四乘之得容方邊是容方邊得句七分之四也得股七分之三也二率三率之位可互易若將三率股四爲二率而以首率七除之乃以句三乘之得容方邊是容方邊得股七分之三也今九尺與十二尺之比仍同於三尺與四尺之比故可相例

㊄如正句股其句九尺股十二尺求內容員徑

法以股十二尺折半卽得容員徑六尺或以句九尺

取其三分之二亦得蓋句三股四弦五者其求容員徑則於句股和七分內減弦五分是容員徑得股四分之二即折半得句三分之二也故以相倒詳句股容員又法。

⑥如正句股其句股和二十一尺求容方邊法照第二條求出句九尺股十二尺乃依第四條法算之

⑦如正句股其句股和二十一尺求容員徑。法照第二條求出句九股十二乃依第五條法算之或以句三股四併得七分爲一率以二分爲二率觀第五條自明。今二十一尺爲三率求得容員徑六尺蓋七與二之比同於二十一與六之比也

⑧如正句股積九十六尺求三色
法以句三尺股四尺者之積六尺爲一率句三尺自乘得九尺爲三率今九十六尺爲三率推得四率一百四十四尺爲句自乘方開方得句十二尺
又法以句三股四者之積六尺除今九十六尺得十六尺（十六个六尺也）開方得四尺（積十六倍者邊必四倍）卽知今所設爲四倍乃於句三股四弦五定率各四因之亦得句十二股十六弦二十也
⑨如正句股其句自乘股自乘弦自乘共積四百五十尺求三色法以共積折半爲弦自乘方積（一句一股之冪與一弦等）開方得弦十五尺知爲三倍乃以句三股四並三因

之得句九尺股十二尺

三角形法

凡三角形立於員界之一半者必有一正方角中矩即句股過於圓界一半者則三角俱銳名銳角不及員界一半者則二角銳一角鈍名鈍角故句股之外又立三角法也然自一角作垂線至底邊即分而爲二句股則又仍歸於句股矣

三角求中垂線法

㊀等邊者如每邊十尺以一邊爲弦一邊折半爲句句弦求股得垂線如圖。

又法底邊折半自乘三因之開方得股爲垂線蓋句邊一五尺弦邊二十尺則句積一二十五尺弦積四一百尺句弦求股法於弦積四內減句積一餘股積三故以句積三因卽爲股積也

一若邊不等者銳角則任以一邊作底鈍角則以最大邊作底爲一率兩腰兩旁之邊名曰兩腰相和爲二率相減爲三率求得四率爲底邊之較與底邊相減餘折半爲句以小腰爲弦句弦求得股爲垂線如圖

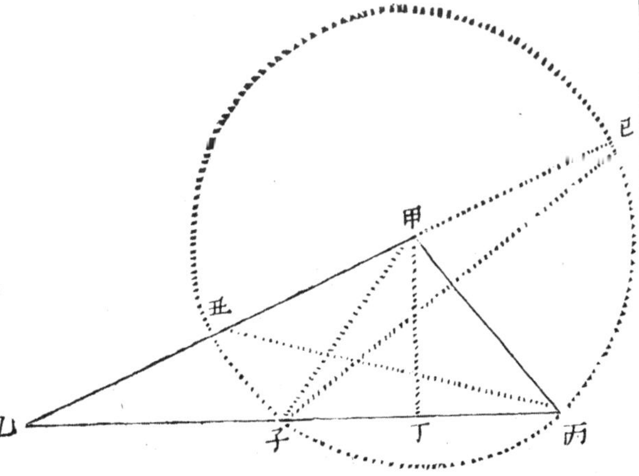

甲乙丙三角形。以甲丙小腰爲半徑作員。截甲乙大腰於丑。截丙乙底邊於子。又引甲乙線至已。甲已等甲丙。皆員半徑也。則已乙爲兩腰之和。乙丑爲兩腰之較。乙丙爲底邊之和。乙子爲底邊之較。法爲以底邊之和乙丙比兩腰之和已乙。若兩腰之較乙丑比底邊之較乙子。爲轉比例四率也。問用轉比例者何也。答曰。試作已

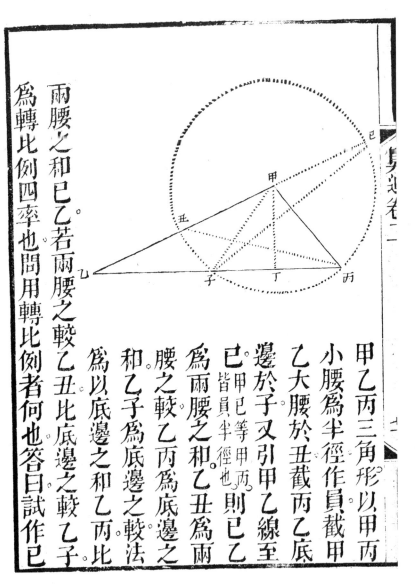

子丙丑二線成巳子乙丙丑乙兩三角形必同式葢彼同一乙角又此之巳角卽同彼之丙角幾何原本謂員內心角必大於界角一倍圖中丑甲子之甲心角也丑巳子之巳及丑丙子之丙皆界角也巳丙皆甲之一半則巳丙固相等矣則此之子角亦必同彼之丑角矣三角之度既皆同則爲同式無疑試析之如下圖

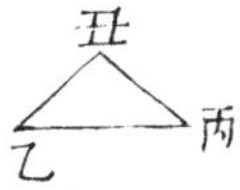

又將丙丑乙反轉改名巳庚辛而與巳乙子相合如下圖

法爲庚巳卽丙乙比巳乙若庚辛卽乙丑比乙子也因其反轉故爲轉比例實則正比例耳

又法以大小腰各自乘得數相減餘爲實以底邊爲法除之得底邊較如圖以甲丁垂線分三角爲甲丁

乙。甲丁丙。二句股以甲乙弦自乘。則成甲辛方。內容

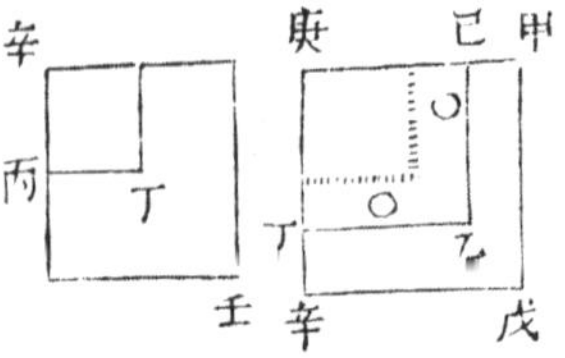

乙丁句自乘方及甲戊辛丁乙已磬折形即甲丁股自乘方。又以甲丙弦自乘則成辛壬方。內容丙丁句自乘方。及磬折形。即甲丁股自乘方。今以兩弦自乘數相減。是兩磬折形已對減盡。又於乙丁大句自乘方內減丙丁小句自乘方。所餘圈記之磬折形。引而長之。成一長方形。其長即乙丁與丁丙之和。其闊即乙丁與丁丙之較。故以底邊除之而得較也。

按二法一也。蓋上法以兩邊之和與兩邊之較相乘。

二率三率相乘爲實而以底邊除之與此法固無異耳

㊂若鈍角以最小邊或次小邊爲底則垂線俱在形外求法同上條但彼底爲和此底爲較彼爲以和求得較此爲以較求得和耳如圖

甲丁垂於形外成甲丁乙甲丁戊兩句股形甲戊等甲丙丁等丁丙乙戊兩句之和也乙丙底兩句之較也求得乙戊和減乙丙底折半得丙丁句以甲丙爲弦求得甲丁股又法亦倣上條

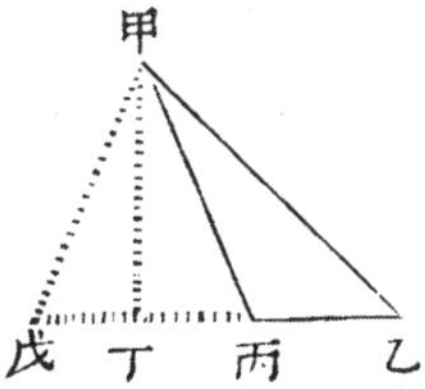

三角求積

㊀先求垂線不論垂於形內與形外與底邊相乘折半得積

㊂一法求心垂線與半總相乘得積如三角形甲乙邊八尺甲丙邊十尺乙丙邊十四尺求積法併三邊得三十二尺折半得十六尺爲半總如圖將甲乙丙三角形分爲三三角形一乙丁丙一甲丁丙一甲丁乙則三邊皆爲底乙丙邊爲乙丁丙形底甲丙邊爲甲丁丙形底甲乙邊爲甲丁乙形底也各與心垂線丁巳丁庚丁壬相乘則變三三角形爲三長方形是倍積也詳句股容員條故合三邊折半止取半總與心垂線相乘也然未知心垂線度於是以半總十六尺與甲乙邊八尺相減得丙巳較八尺丙巳同丙庚折半止用丙巳乙巳同乙壬折半止用乙壬甲壬同甲庚折半止用甲壬是甲乙與丙巳乃半總也與甲乙

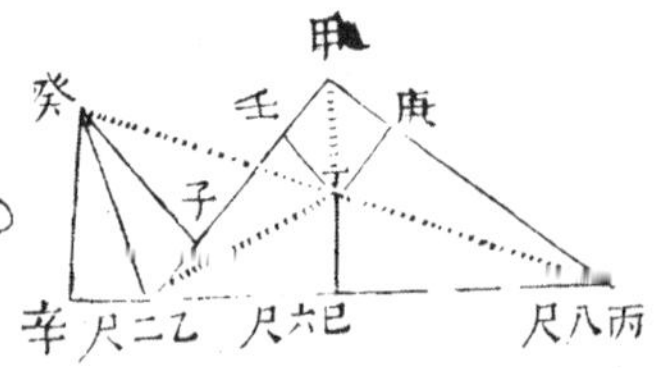

相比其差丙巳。故丙巳爲甲乙邊之較。與甲丙邊十尺相減得乙巳較六尺。倣上註推之下文同。與乙丙邊十四尺相減得甲壬較二尺。而移甲壬爲乙辛。則丙辛爲三邊之半總。試引丙丁線至癸。成丙辛癸大句股形。與丙巳丁小句股形同式。其丙辛與丙巳之比。即同癸辛與丁巳之比。然丙辛半總。一率。丙巳甲乙邊較。二率。雖知而癸辛三率不知。於是想出巳乙甲乙邊較。與乙辛同甲壬丙乙邊較。相乘之積。同於癸辛與丁巳相乘之積。蓋癸辛乙句股形。與乙巳丁句股形同式。可相比例。法爲癸辛股一率。比辛乙句二率。若乙巳股三率。比巳丁句四率也。而二率三率相乘。固與一率四率相乘同積矣。然何以知兩句股同式。蓋倍癸辛乙爲癸辛乙子形。即與乙巳丁壬形同式。何者。癸辛乙形。其癸角合乙角爲九十度。則倍之爲癸辛乙子形。其倍癸角。必合倍乙角爲一百八十度矣。而乙巳丁壬形。

其壬乙己鋭角爲癸辛乙子形倍乙鈍角之外角亦內外合爲一百八十度則其同式可知也半之而爲句股形亦必同式可知矣則可以己乙乘乙辛之數代癸辛乘丁己之數爲三率於是求出四率六尺爲丁己垂線自乘之積

一　半總十六尺

二　丙己較八尺　相乘得九十六尺

三　己乙較六尺乘乙辛較二尺得十二尺

四　丁己垂線自乘積六尺

按三率己乙與乙辛相乘即癸辛與丁己相乘也三率本用癸辛四率本得丁己今三率改用癸辛乘丁己則四率亦必得丁己乘丁己矣

於是以四率所得開方得心垂線與半總相乘得積

捷法以三較連乘得數以半總乘之開方得積蓋半總乘垂線三角之積也而復以垂線乘之（三較連乘即半總乘垂線又復乘垂線也）又以半總乘之是積乘積也故開方得積耳。

三角求內容方邊

法以大邊為底如法求出中垂線與底相加為一率中垂線為二率底邊為三率求得四率即容方邊

如圖甲乙丙三角形求出甲丁垂線移為乙戊與丙乙相加成丙戊為一率甲丁垂線為二率丙乙底為三率庚辛容方邊為

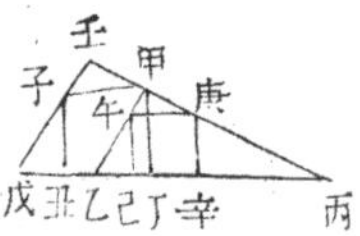

四率法爲丙戊比甲丁若丙乙比庚辛也

三角求內容員徑

㊀等邊者如每邊一尺二寸法先求得中垂線以三歸之卽容員半徑倍之爲全徑如圖

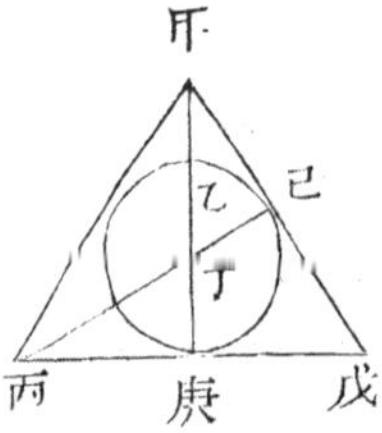

甲庚丙已皆垂線也相交於丁卽三角之心亦卽容員之心故丁庚與丁已皆員半徑又甲庚戊大句股與甲已丁小句股同式大句股甲戊弦爲戊庚句卽戊已之倍則小句股甲丁弦亦必皆丁已句之倍而丁庚等丁已見甲丁得二分丁庚得一分也故三歸甲庚而得丁庚

(二)若邊不等者。亦先求中垂線。與底邊相乘。得積。而合三邊爲法除之。得數卽容員半徑。其理與句股求容員徑同。詳彼條。

三角求外切員徑求所切外員之徑也

(一)等邊者。法先求中垂線。三歸而四因之。得所切外員之全徑。如圖

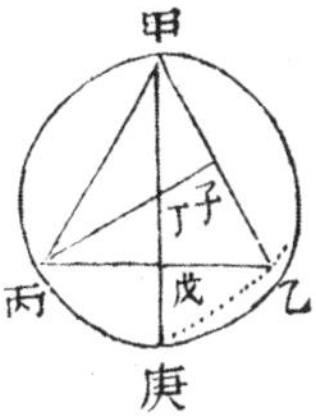

甲戊丙子並垂線相交於丁。卽三角之心。亦卽員心。故甲丁與丁庚皆員半徑。又甲戊乙大句股。甲子丁小句股同式。甲乙倍乙戊。卽乙己卽甲丁亦倍子丁。而丁戊等子丁。是甲丁二分。丁戊一分。合之爲甲戊三分也

又丁庚與甲丁同是二分。以其皆半徑也。合得全徑四分。故三歸甲戊垂線而四因之。得甲庚全徑四分也。

又法以一邊自乘。三歸四因。開方得員全徑。試於前圖添作乙庚線。遂成甲乙庚大句股。甲戊乙小句股。爲同式小形。甲乙弦既倍甲戊句。則大形甲庚弦亦必倍乙庚句。故甲庚弦自乘方。比乙庚句自乘方爲四倍。依句弦求股法言之。甲庚弦自乘方積內減乙庚句自乘方積。所餘爲股自乘方積。今甲庚自乘方既爲乙庚句自乘方積四倍。則減餘之甲乙股自乘方積。必爲句自乘方積三倍矣。故三歸甲乙邊自乘積。而四因之。爲甲庚自乘積也。

㊁若邊不等而爲鋭角者法亦先求中垂線爲一率小腰爲二率大腰爲三率求得四率爲員徑如圖

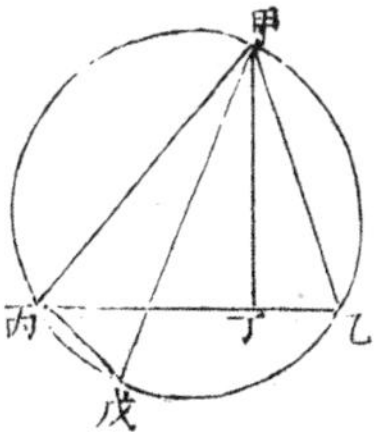

甲戊爲全徑甲丙戊句股形立於員界之一半則丙必爲正方角與甲丁垂線所分甲丁乙句股形之丁角等而甲丙戊形之戊角與甲丁乙形之乙角皆對甲丙弧其度又等則兩形必同式可相比例是以甲丁股與甲乙弦之比若甲丙股與甲戊弦之比也鈍角法同

算迪卷二

譚瑩玉生覆校

算迪卷三之上

嶺南遺書

南海　何夢瑤　報之撰

割員

㊀一法以員容六邊形起算。

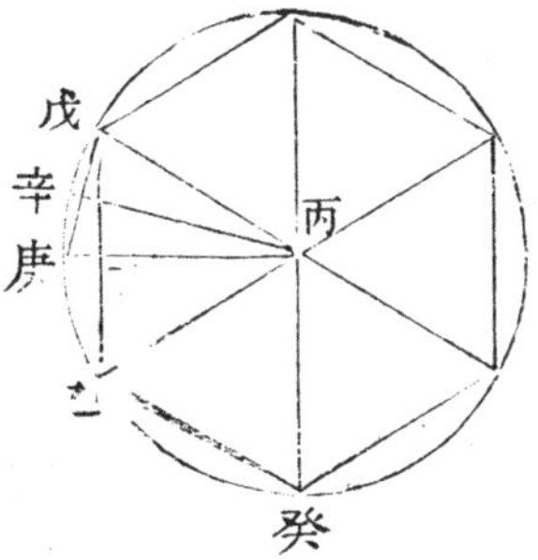

如圖。以員半徑。丙戊。丙辛等。卽爲所容六邊形之一邊。如戊乙。蓋戊乙與丙癸平行。而戊丙又與乙癸平行。則戊乙必等丙癸半徑。卽等戊丙半徑矣。又凡三角形。合三角共一百八十度。今戊丙乙三角形。丙角旣得六十度。則戊乙二角應共得一百二十度。平分之。亦各得六十度。是三角度等也。三角度旣等。則三邊亦必等矣。

又以半徑丙戊爲弦。一邊折半戊丁爲股。求得句。丙丁轉減半徑。丙庚餘丁庚又為句。以半邊戊丁為股。句股又求得弦。戊庚是為割六邊為十二邊。如是者累析為二十四邊。四十八邊。九十六邊。至五百一十五億三千九百六十萬七千五百五十二邊。定為員徑一兆。得周三兆一千四百一十五萬九千二百六十五有餘。

㊁一法以員容四邊形起算。

如圖甲丙丁句股形。以半徑甲丙為股。丙丁為句。句股求得甲丁弦。即容方邊。又甲己戊句股形。以半邊甲己為股。以己丙己。等甲與半徑丙戊相減。餘己戊為句。句股求得甲戊弦。是為割四

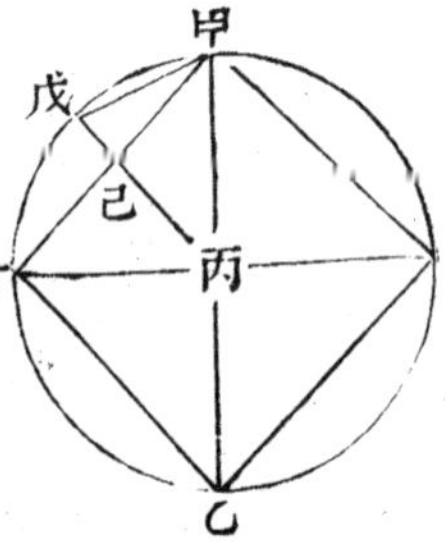

邊爲八邊。如是屢析爲十六邊。三十二邊。以至億萬邊。亦得徑一周三一四一五九二六五有餘。

㊂一法以六邊形容員起算。

如圖。以員全徑戊庚移作甲丁爲弦。詳三角容員條。以半徑乙丁爲句求得甲乙股。取其三分之二。甲至乙分三分。取甲午二分。與午未等。蓋甲丙癸大三角形等邊者也。則甲午未小三角形。亦必等邊矣。而午未固六邊形之一邊也。爲六邊形之一邊。乃半之以爲乙己句。以半徑丁乙爲股。即用六邊形之一邊午己移作己丁爲弦。午己丁與甲午未。皆等邊三角形也。與丁子半徑相減。餘己子爲句。用三率比例法。求得丑子股。丑己子小句股形與丁乙己大句股形相似。法爲己乙句比乙丁股若己子句比子丑股也。倍之成丑辛。爲十二邊之一邊。是爲割六邊爲十二邊也。如是者亦屢析至億萬邊所得周徑率亦同。

㊃一法以方容員起算。

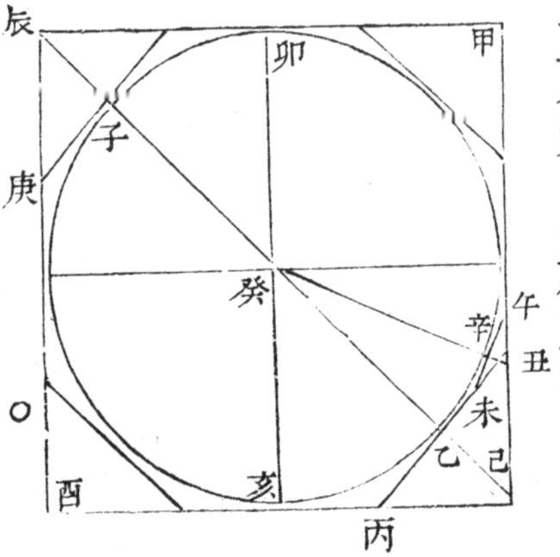

如圖。以員徑甲己爲股。己酉爲句。求得辰己弦。與員徑相減。餘辰子與乙己合之成丑丙。爲員外八邊形之每邊。乙己等乙丑。辰子等子庚。卽等乙丙也。半之爲乙丑句。半徑乙癸爲股。求得癸丑弦。與半徑辛癸相減。餘丑辛。又爲句、用三率比例法。求出辛未股。法爲大句丑乙比大股乙癸、若小句丑辛比小股辛未也。倍之得午未、爲十六邊形之每一邊、是爲割八邊作十六邊也。如是者亦屢析至億萬邊、所得周徑率亦同。

割圜八線

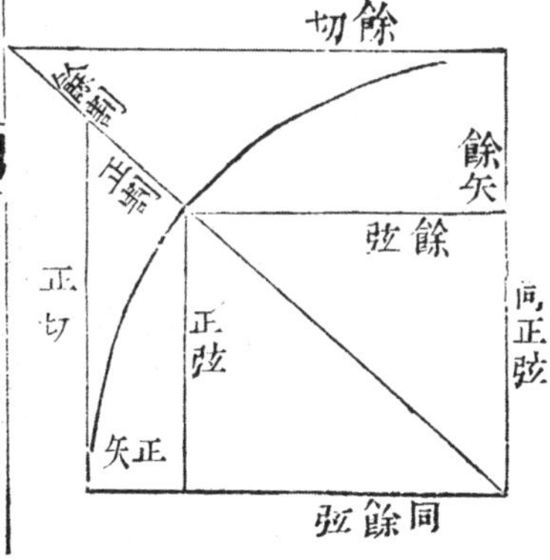

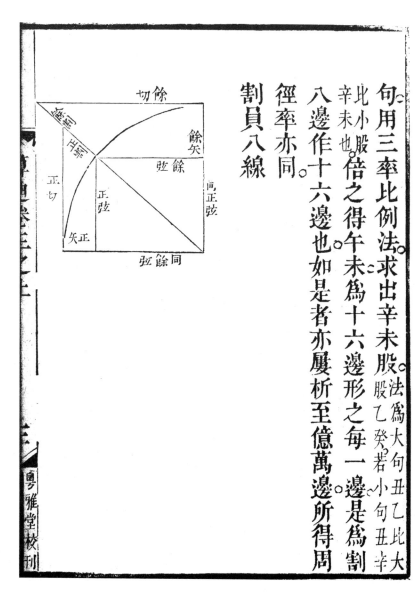

說詳三角法。

作八線表各法

表見數理精蘊。　西術割員用八線。而其所作八線表則用六宗三要二簡之法詳下。

六宗法

㊀一　卽上文員容六邊形起算之法。以六邊之一邊。卽為六十度之通弦。半之卽為三十度之正弦也。

㊁一　以員容三邊起算。

法以員徑乙丁為弦。半徑丁丙為句。丁丙與甲己平行。己丙又與甲丁平行。故丁丙卽己甲也。句弦求得乙丙股。為所容三邊形之每邊。卽爲一百二十度之通弦。折半爲六十度之正弦。

㊂一卽上文員容四邊形起算之法。以容方之每邊卽爲九十度之通弦。折半爲四十五度之正弦。

㊃一以員容十邊形起算。

此法須先明理分中末線之法。何謂理分中末線。蓋連比例三率。有合中率末率之數。與首率數同者。欲於首率數內分出中率若干。末率若干。如於首率十尺內。分出中率六尺一寸八分零三毫。末率三尺八寸一分九釐七毫是也。其法以首率甲乙十尺自乘本爲甲己正方積。今移作丁己長方。卽以首率十尺乙己爲長。丁庚闊。乙丙之較。用帶縱較數開方法算之。得丙乙闊。為相連比例之中率。與首率。甲乙相減。餘甲丙。

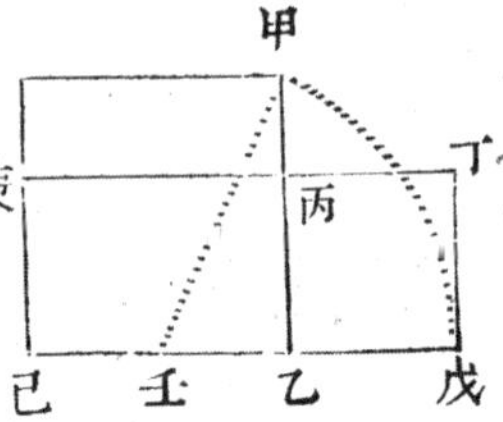

為相連比例之末率。是從甲乙首率。分出丙乙甲丙中末率也。此法蓋因首率自乘之甲己正方兼有首率乘末率甲庚長方在內。而三率之法。首末率相乘。與中率自乘同積。則甲庚之合丙己成甲己。猶中率自乘之丁乙方。合丙己成丁己也。故以首率自乘為長方積。仍以首率為長闊之較而用帶縱法也。

又法以首率甲乙為股。首率乙己折半得乙壬為句。求得甲壬弦。為甲戊弧之半徑。與戊壬等。於戊壬內減乙壬句。餘戊乙。即丙乙。為中率。以中率丙乙與首率相減。餘甲丙為末率。此法既明。而員容十邊形之每邊可求矣。如員徑二百尺。求容十邊形之每邊法取甲乙半徑一百尺為首率。自乘得一萬尺。為丁己長方積。即以甲乙半徑一百尺。為長丁庚闊丁丙之較。用帶縱開方法算之。得丙乙六十一尺八寸零三釐。為連比例之中率。即員內所容十邊形之一邊甲己也。試作己戊線。截甲乙首率於丙。成甲己丙小三角形。與甲乙己大三角形同式。蓋二形同用一甲角。又小形之己角。與大形之乙角等。己角所對甲戊弧。為乙角所對甲己弧之倍。凡界角對弧。大于心角對弧一倍者。界角與心角必等。詳三角法弟四條。可相比例。

法爲甲乙首率比己甲中率。若己甲中率與甲丙末率。爲連比例三率也。小形己角既與大形乙角等。則乙己丙形之己角。亦必與乙角等。何則。凡三角形合三角得一百八十度。今甲乙己三角形之乙角所對甲己弧爲三十六度。則甲己二角必各得七十二度。是己角倍於乙角。今甲己丙形之己角既等乙角三十六度。則乙己丙形之己角亦必等乙角三十六度也。乙己丙形乙己兩角既等。則兩邊己丙丙乙亦必等而甲己丙形兩邊甲己己丙亦必等。甲乙己形之乙甲乙己同爲半徑而等。則相似之甲己丙形。其甲己丙己二邊亦必等也。爲丙乙等己丙。又等甲己。故求得

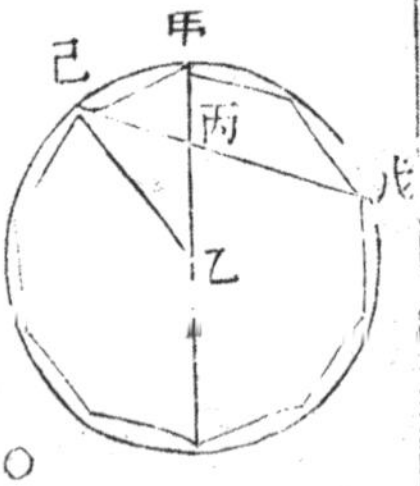

丙乙中率。即爲員容十邊形之一邊甲己也。或依又法求之。

㊄一以員容五邊形起算。

法以十邊形一邊乙丁。即中率與半徑甲丁即首率相減。餘己丁。末率折半得丁戊爲句。乙丁爲弦。求得乙戊股。倍之得乙丙。即五邊形之一邊。又法以半徑甲丁爲底。以半徑甲乙爲大腰。以所容十邊形之一邊乙丁爲小腰。用三角求中垂線法求得中垂線乙戊。倍之得乙丙。爲所容五邊形之一邊。即七十二度弧之通弦。又法半徑甲丁自乘爲甲辛方。十邊形一邊乙丁即乙己。自乘爲乙癸方。以兩方積相併開方。即得五邊形一邊乙丙。如圖。甲乙丁三角形。依乙丁度作乙己。成乙丁己三角形。與甲乙丁同式。說見上條。蓋此條之甲乙丁。卽上條之乙甲己。此條之乙丁己。卽上條之己甲丙也。法以甲乙為首率。乙丁為中率。己丁為末率。甲己亦等乙丁為中率。而末率己丁平分於戊。又成乙戊丁句股形。乙戊為股。丁戊為句。試依甲丁半徑度

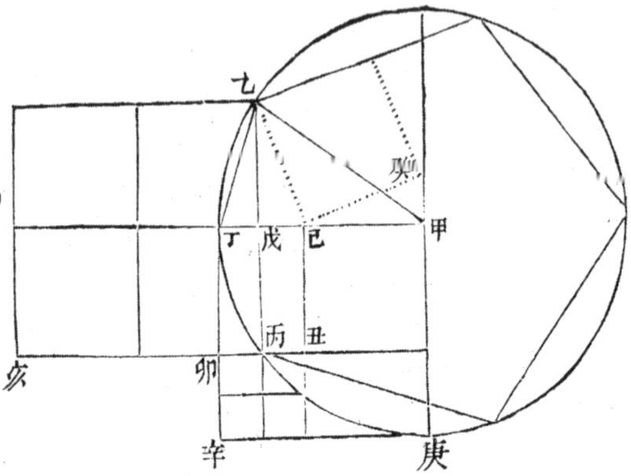

作甲辛方。又依乙己卽乙丁度作乙癸方。其甲辛方內甲丑方。為乙丁弦乙丁卽乙己又卽甲己。自乘方。己辛長方。

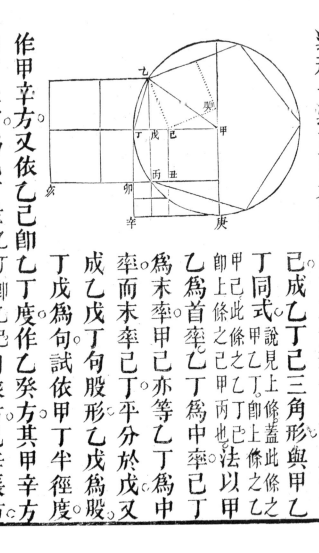

亦與乙丁弦自乘方等。丁辛原與甲丁等。同爲首率。以首率與己丁末率相乘。必與甲己卽乙丁中率自乘方等。庚卯長方。亦與乙丁弦自乘方等。因丑辛一截。已爲己辛長方所用。止存庚丑一截。爲乙丁弦自乘方內。少戊丁句自乘方四。丑辛藏句自乘方四。是甲辛方內。有乙丁弦自乘之三正方。而少戊丁句自乘之四正方。再加乙丁。卽乙己自乘之乙癸方。共得乙丁弦自乘之四正方。而少戊丁句自乘之四正方。凡弦自乘方內。原兼有句股各自乘方一。今弦自乘四方內。少句自乘四方。是止有股自乘四方耳。而乙丙自乘之乙亥方。實爲乙戊股自乘之四正方。故知半徑甲于自乘方。與十邊形一邊乙丁自乘方。併積。同於五邊形一邊乙丙自乘乙亥方積。而開方得乙丙也。又法用理分中末線法。以半徑甲丁自乘爲長方其長爲兩甲己中率一己丁末率。仍以半徑爲長闊之較依帶縱較數開方法算之。得長。折半是止長一甲己中率半己丁末率也得甲戊爲股。以半徑甲乙爲弦。股弦求得乙戊。句倍之。得乙丙。即所容五邊形之一邊也。如圖。甲丁自乘。爲癸卯長方。丁巳末率也。已甲中率也。甲癸亦中率也。折半則止得一甲己中率。己戊半末率。

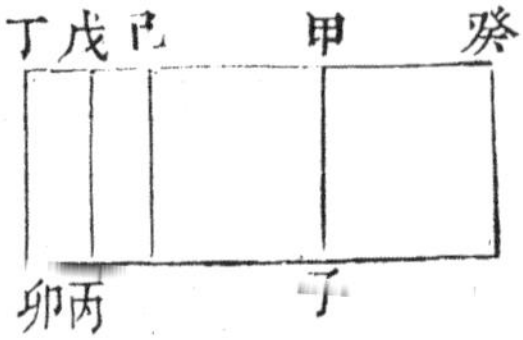

(六)一以容員十五邊形起算。

法以半徑甲丁爲弦。以員容五邊形。一邊之半丁丙爲句。求得甲丙股。內減半徑之半甲辛。詳三角求外切員徑條。餘辛丙。即壬庚。又爲股。以壬戊爲句。求得戊庚弦。即所容十五邊形之一邊也。如圖作員容三邊形。又作員容五邊形。以三邊形一邊之弧分五分。或以五邊形一邊之弧分三分。即得十五弧。其一弧之通弦。即十五邊形之一邊也。如戊庚。故取戊庚間壬戊之度。何以取之。曰以三邊形之戊己邊與五邊形之丁庚邊相減。餘壬戊子己折半得壬戊

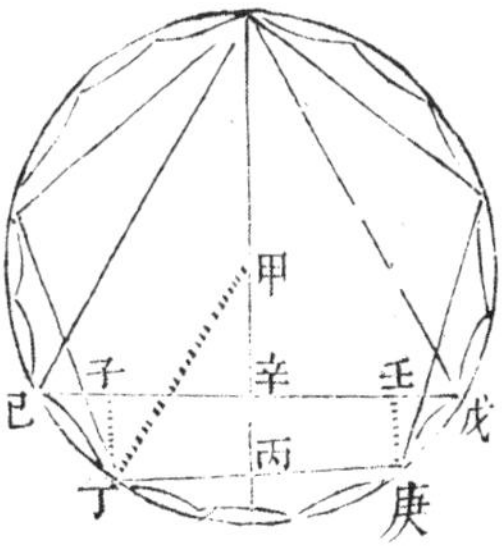

右西法六宗也。

新增四宗

〔一〕一以員容十八邊形起算。

此須先明按分作相連比例法。如以十尺爲首率。作相連比例四率。使一率四率相併與二率三倍等。問各率若干。法以首率甲乙十尺自乘得一百尺。再乘得一千尺。成立方積。爲實。又以一率十尺自乘得一百尺。三因之得三百尺。成三平面積。爲法。法除實得三尺。且分九百尺。餘一百尺留下。爲次率初位數。作圖明之。如圖甲乙首率也。庚甲四率也。庚乙首率四率相併也。庚子子辰辰乙皆次率也。所謂首率四率相併即三个次率也。若知首率四率之數。

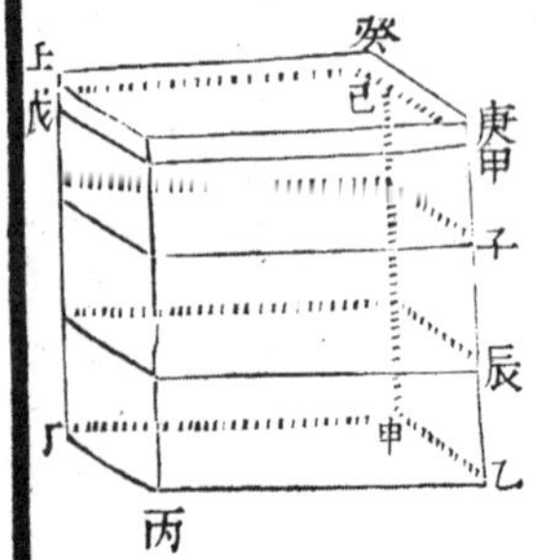

則相併而三歸之。得次率矣。因止知首率。故用首率甲乙自乘再乘。爲甲乙丙丁戊已立方體。較之三倍次率之庚乙乘首率乙丙同甲乙羃所成之庚乙丙丁壬癸長立方。少一庚甲壬戊扁立方。此扁立方乃首率自乘。又乘四率所成。依四率例。卽與次率自乘再乘之積等。如首率二。次率四。三率八。四率十六。以首率二自乘得四。與末率十六相乘。得六十四。卽與弟二率四自乘再乘等積也。若於首率自乘再乘數加入次率自乘再乘數。卽如加此扁立方。而成庚乙丙丁壬癸長立方。於是以首率自乘之乙丁方面爲法除之。必得乙庚爲三个次率之數。若三因方面爲法以除之。三因首率自乘一百尺是也。必得一个次率如乙辰矣。然不知次率之數則不能加。於是用益實歸除之法以求之。以次率初位數三尺自乘再乘得二十七尺。加入原積一千尺。共一千零二十七尺爲共實。上文云。若於首率自乘再乘數內加次率自乘再乘數。即如加扁方廉庚乙丙丁壬癸長立方。故以次率初數自乘再乘加原積。接除法。以所得次率三尺乘法三百尺得九百尺。上文雖以三百尺除實一千尺。然止得三十尺。是止去實九百尺也。與共數相減。餘一百二十七尺。積九百尺得次率三尺。尚有餘積一百二十七尺。則次率不止三尺矣。爲弟二位實。九百尺爲第一位三尺之實。一百二十七尺。則爲第二位四寸之實也。乃以三百尺除之。得次率第二位數四寸。合之首位所得三尺。共得次率三尺四寸。餘實未盡。尚須再求。以次率三尺四寸自乘再乘得三十九尺三百零四寸。仍以益

原實一千尺得一千零三十九尺三百零四寸爲共
實按除法減首位所得三尺與法三百尺相因之九
百尺又減次位所得四寸與法三百尺相因之一百
二十尺餘十九尺三百零四寸爲第三位實以法三
百尺除之得六分所餘太多因益積故取畧大之數
爲七分合前兩位所得三尺四寸共三尺四寸七分
又自乘再乘得四十一尺七百八十一寸九百二十
三分仍以益原實一千尺得一千零四十一尺七百
八十一寸九百二十三分爲共實按除法減首位所
得三尺與法三百尺相因之九百尺又減次位所得
四寸與法三百尺相因之一百二十尺又減三位所

得七分與法三百尺相因之二十一尺。餘七百八十一寸九百二十三分爲第四位實。以法三百尺除之。得二釐。合前三位所得三尺四寸七分。爲三尺四寸七分二釐。自乘再乘得四十一尺八百五十四寸二百一十分四十八釐。仍以益原實一千。得一千零四十一尺八百五十四寸二百一十分四十八釐爲共實。按除法。減首位所得三尺與法三百尺相因之九百尺。又減次位所得四寸與法三百尺相因之一百二十尺。又減第三位所得七分與法三百尺相因之二十一尺。又減第四位所得二釐與法三百尺相因之六寸。餘二百五十四寸二百一十分四十八釐爲末位實以法三百尺除之得八毫所餘亦太多因益積仍取畧大之數爲九毫合前四位所得三尺四寸七分二釐共三尺四寸七分二釐九毫又自乘再乘得四十一尺八百八十六寸七百六十六分四百零二釐四百八十九毫仍以益原積一千尺得一千零四十一尺八百八十六寸七百六十六分四百零二釐四百八十九毫爲共實按除法減首位所得三尺與法相因之九百尺又減次位所得四寸與法相因之一百二十尺又減第三位所得七分與法相因之二十一尺又減弟四位所得二釐與法相因之六寸又減第五位所得九毫與法相因之二寸七分仍餘

一十六寸七百六十六分四百零二釐四百八十九毫。爲數無多。不必再求。計共除得三尺四寸七分二釐九毫。爲相連比例之第二率實數也。以之自乘得一十二尺零六寸一十分三十四釐四十一毫。以首率之十尺除之。得一尺二寸零六釐一毫爲三率。以二率而三因之。得一十尺四寸一分八釐七毫內減首率十尺。餘四寸一分八釐七毫爲四率。如以三率自乘。以二率除之。亦得四率也。明此而員容十八邊形之每邊可求矣。如員徑二十尺。求內容十八邊形之每邊若干。法以員徑半之。得十尺爲首率自乘再乘得一千尺爲實。又以半徑十尺自乘三因之得三百尺爲法。按上盈實歸除法算之。得一邊率三尺四寸七分二釐九毫。即所容十八邊形之一邊也。爲十二度弧之通弦。如圖甲戊丙三角形。戊丙乙三角形。丙丁乙三角形。按丙乙度作丙丁綫。與甲辛半徑平行。皆同式。蓋戊丙乙

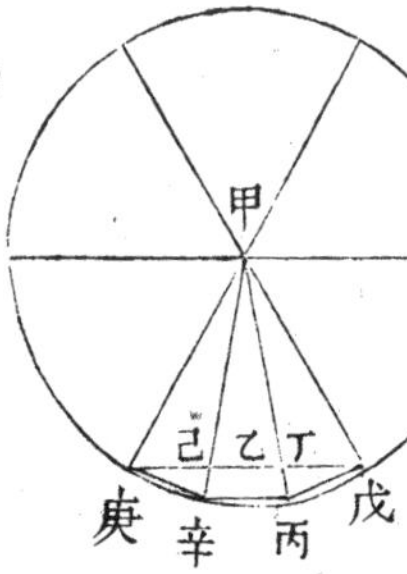

形之戊角。當庚丙弧。爲戊丙弧之倍。則戊丙乙形之戊角。必等甲戊丙形之甲角。又同用丙角。則兩形必等。詳上員容十邊條。又丙丁乙形之丁丙線與甲辛半徑平行。則丙丁乙之丙角與甲丙辛形之甲角爲相對錯角。亦必等。甲丙辛甲角。即甲戊丙甲角。又與戊丙乙形同用乙角。是此三形之各角互相等。故爲

同式也。則可相爲比例。故甲戊與戊丙之比。同於戊丙與丙乙之比。戊丙與丙乙之比。又同於丙乙與乙丁之比。爲相連比例四率。而甲戊爲首率。戊丙爲次率。丙乙爲三率。乙丁爲四率也。又戊庚爲六十度之通弦。與甲戊首率等。而戊乙。丁巳。巳庚三段皆與戊丙次率等。是戊庚首率中有戊丙二率之三倍而少一丁乙四率也。必以戊庚首率與丁乙四率相併。方與戊丙二率之三倍等。故用連比例四率。有首率求次率法算之。得次率戊丙。爲十八邊形之一邊也。

㈡一以員容九邊形起算。

法以半徑甲丁爲底。以半徑甲乙。與所容十八邊形之一邊乙丁。爲兩腰。用三角形求中垂綫法。求得中垂綫乙己。倍之得乙丙。卽所容九邊形之一邊。

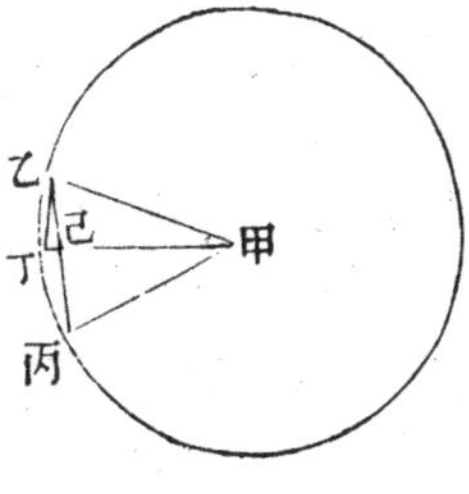

（二）一以員容十四邊形起算。

此須明按分作相連比例四率。又法。如以十尺爲首率。作連比例四率。欲使首率四率相加。與兩个次率一个三率數等。問各率數。法以一率十尺自乘再乘得一千尺爲實。又以一率十尺自乘得一百尺。二因

之得二百尺爲法以除實得次率泛數五尺因減實大於益實故取畧小之數四尺爲次率初位數如圖甲乙首率也庚子子

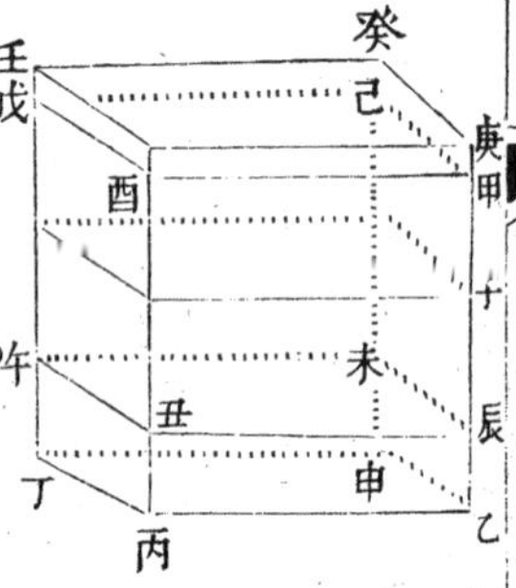

辰皆次率也辰乙三率也庚甲四率也庚乙爲一率四率之共數亦爲二个次率一个三率之共數也甲乙丙丁戊己首率自乘再乘正立方體也庚乙丙丁壬癸兩个次率加一个三率與首率面積相乘長立方體也正立方體比長立方體少一庚甲酉戊壬癸扁方乃首率自乘乘四率之體積與次率自乘再乘之積等又首率所成正方體比兩个次率乘首率面

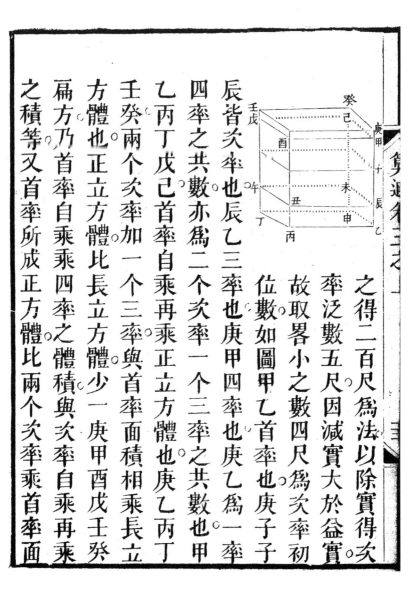

積之甲辰丑午戊己之扁方體多一辰乙丙丁午未扁方體乃首率自乘乘三率之體積與次率自乘乘首率之積等如首率二次率四三率八末率十六以首率二自乘得四以乘三率得三十二與次率四自乘得十六以乘首率二得三十二等也然則於首率自乘再乘之正方體加入次率自乘再乘之數而減去次率自乘乘首率之數即如於甲乙丙丁戊己正方體如庚甲酉戊壬癸扁方體而減辰乙丙丁午未扁方體成一庚辰丑午壬癸扁方體而以首率自乘面積爲法除之必得庚辰爲兩个次率共數若二因其法以除之必得子辰爲一个次率之數矣今不知加減止二因其法以除原積則所得四尺乃次率之泛數而非定

數可知故用益積減積之法以次率泛數四尺自乘再乘得六十四尺以益原實一千尺共一千零六十四尺爲益實復以次率四尺自乘得十六尺與首率十尺相乘得一百六十尺於益實內減之餘九百零四尺爲正實按除法以所得四尺與法二百尺相因得八百尺（本以法二百除一千得五百尺而止取四尺是止分去八百尺也）與正實相減餘一百零四尺爲第二位實以法之二百尺除之得五寸仍取畧小之數爲四寸合之首位所得四尺共得四尺四寸自乘再乘得八十五尺一百八十四寸以益原實一千尺得一千零八十五尺一百八十四寸爲益實復以所得四尺四寸自乘得一十九

尺三十六寸。以乘首率十尺。得一百九十三尺六百寸於益實內減之。餘八百九十一尺五百八十四寸爲正實。按除法減首位所得四尺與法相因之八百尺。又減次位所得四寸與法二百尺相因之八十尺。餘一十一尺五百八十四寸。爲第三位實。以法二百尺除之。得五分。合前兩位所得共四尺四寸五分。自乘再乘。得八十八尺一二一一二五。以益原實一千尺。得一千零八十八尺一二一一二五爲益實。復以所得四尺四寸五分自乘。得一十九尺八十寸零二五。以乘首率十尺。得一百九十八尺零二五於益實內減之。餘八百九十尺零九六一二五爲正實。按除法減首位所得四尺與法相因之八百尺又減次位所得四寸與法相因之八十尺又減第三位所得五分與法二百尺相因之十尺餘九十六寸一二五為第四位正實以法二百尺除之實不足法知第四位為空位而第五位得四合前四位所得共四尺四寸五分零四毫自乘再乘得八十八尺一四四八九零一三六零六四以益原實一千尺得一千零八十八尺一四四八九零一三六零六四為益實復以所得四尺四寸五分零四毫自乘得一十九尺八十寸零六零六一六以乘首率十尺得一百九十八尺零六零六零一六於益實內減之餘八百九十尺零零

八四二八八五三六零六四爲正實按除法以五次所得之數與法相因之數遞減之仍餘四寸二八八五三六零六四不盡所餘無多可不再求計共除得四尺四寸五分零四毫爲次率定數也以次率定數自乘而以首率除之卽得三率一尺九寸八分零六毫以次率二因之加三率與首率相減餘得四率八寸八分一釐四毫明此而員容十四邊形之每邊可

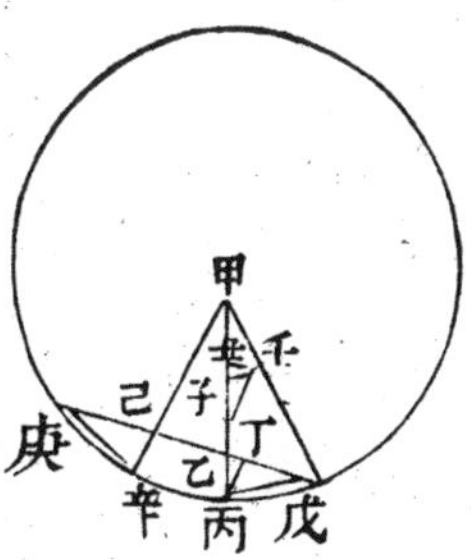

照前法以員半徑十尺爲首率自乘再乘得一千尺爲實又以半徑自乘倍之得二百尺爲法次第除得次率四尺四寸五分零四毫卽

所容十四邊形之一邊也。如圖甲戊丙三角形。戊丙乙三角形。乙丁丙三角形俱同式。註詳員容十八邊條。故可比例。法以甲戊即甲丙爲首率。戊丙爲次率。丙乙爲三率。乙丁爲四率也。又按戊乙度作乙壬綫與丁丙平行。又自壬作壬子綫與戊丙平行。復自壬作壬丑綫與戊乙平行。則又成甲壬子及乙壬丑兩三角形。並與戊丙乙形同式。其甲子與乙丑皆與戊丙同爲次率。而丑子又即丁乙四率。是甲丙首率內有一个三率。乙丙。兩个次率。甲子。乙丑。而少一个四率也。丑子。故必以首末率相加。方與兩个次率一个三率等也。

㊃一以員容七邊形起算。

法以半徑甲丁爲底。又以半徑甲乙與所容十四邊形之一邊乙丁爲兩腰。用三角求中垂綫法。求得中垂綫乙戊。倍之得乙丙。即所容七邊形之一邊也。

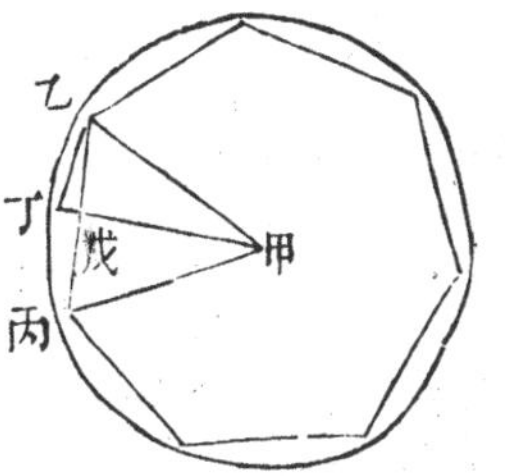

三要法

㈠一有正弦求餘弦。

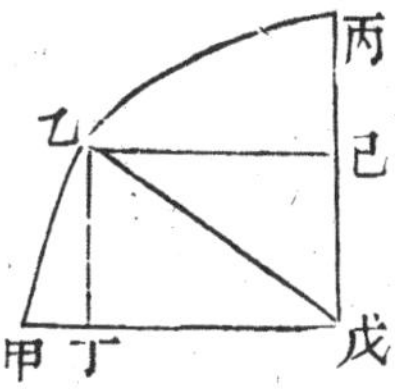

如乙丁爲乙甲弧之正弦。則乙已爲餘弦。法以乙丁爲句。乙戊半徑爲弦。句弦求得丁戊股。即乙已也。乙已在乙甲弧爲餘弦。而在丙乙弧則爲正弦矣。

(二)一有本弧正餘弦。求倍弧之正餘弦。

如甲乙弧三十六度倍之爲丁甲弧七十二度。求倍

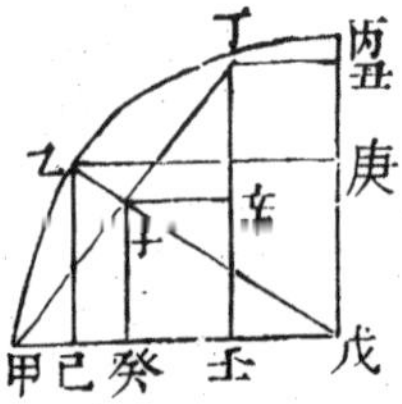

弧正弦丁壬法。以半徑乙戊爲一率。乙甲弧正弦乙巳爲三率。餘弦巳戊即戊子蓋子甲等乙巳。故戊子即巳戊。爲二率。求得子癸。即辛壬。倍得丁壬。蓋子甲爲丁甲之半。故辛壬爲丁壬之半。即倍弧之正弦也。如求倍弧餘弦丁丑。則以乙甲弧正弦乙巳自乘。以半徑除之。得甲癸。法爲戊乙弦比乙巳句。若乙巳句相等之子甲弦比甲癸句也。乙巳爲中率。故自乘。〇按戊乙巳大句股與子甲癸小句股同式。故可相比。倍之得甲壬。於半徑甲戊內減之。餘壬戊。即丁丑也

（三）

一有本弧正餘弦。求半弧之正餘弦。

法以本弧正弦乙已爲股。本弧餘弦已戊與半徑相減。餘甲已爲句。求得乙甲弦。折半得乙辛。即乙丁半弧之正弦也。又法以甲已折半得甲壬。爲末率。以半徑爲首率。相乘。開方。即得中率辛甲。爲半弧正弦。蓋戊辛甲句股形與辛壬甲形同式。故可相比。法爲甲戊弦比辛甲句。若辛甲弦比甲壬句。是辛甲乃中率。中率自乘之數。與首末率相乘數同。故以首末率相乘而開方以得中率也。

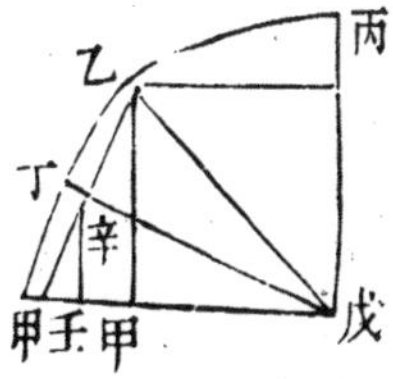

新增三法

(丁)一有本弧之餘弦求倍弧之餘弦。

法以本弧餘弦自乘以半徑除之得數與本徑相減。餘倍之仍與本徑相減餘即倍弧餘弦如圖丁已本

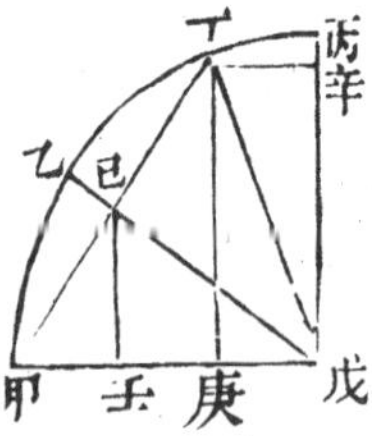

弧丁乙正弦也已戊其餘弦也丁庚倍弧丁甲正弦也丁辛即庚戊其餘弦也而甲已戊大句股形與已壬戊小形同式可相比例其大形戊甲弦與戊已股之比若小形戊已弦與戊壬股之比是戊已為中率中率自乘以首率戊甲除之必得末率戊壬既得壬戊與半徑相減得壬甲倍之得庚甲與半徑相減餘戊庚即丁辛也

㊁一有本弧餘弦求半弧餘弦。

法以本弧餘弦戊己與半徑戊甲相減。餘己甲折半得己壬與本弧餘弦戊己相加得戊壬。與半徑戊甲相乘。開方得戊辛。即半弧乙丁餘弦也。蓋甲辛戊大句股形。與辛壬戊小形同式。其大形戊甲弦。比辛戊股。若小形辛戊弦。比戊壬股。是辛戊為中率。首末率相乘。與中率自乘同積。故以首率甲戊乘末率戊壬。開得戊辛也。

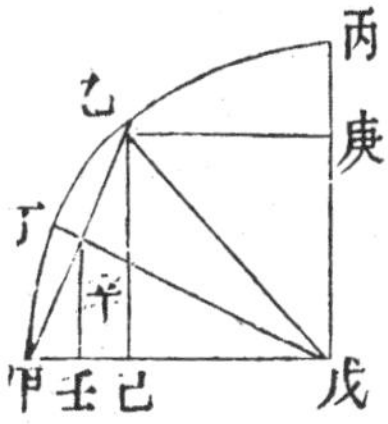

㊂一有本弧正弦求其三分一弧之正弦。

法照六宗員容十八邊形起算條按分連比例法以

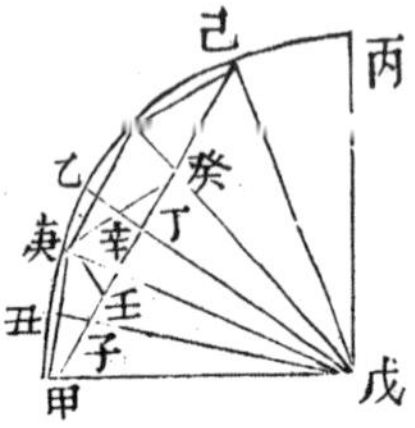

乙甲三十六度弧正弦丁甲。倍得己甲。爲己乙甲七十二度弧之通弦。乃以半徑自乘。爲平方面積。與七十二度弧之通弦甲己如高相乘。爲長立方體。爲實。又以半徑自乘。三因得數爲法。按益實歸除法除實。得次率庚甲。爲庚丑甲二十四度弧之通弦。折半爲十二度弧之正弦。十二度爲三十六度三分之一。如圖戊甲庚三角形。甲庚辛三角形。庚辛壬三角形。皆同式可相比例。故戊甲爲首率。甲庚爲次率。庚辛爲三率。辛壬爲四率也。今甲己通弦內有三个甲庚次率而少一个辛壬四率。蓋己癸。癸壬。辛甲。三段。皆與甲庚次率等。而癸壬辛甲二段內。却重辛壬一小段是甲己通弦內。有三个次率。而少一辛壬四率也。若以甲己通弦爲高與首率半徑面積相乘成長立方體比三个次率爲高與首率半徑面積相乘所成之長立方體必少一扁方體乃四率爲高乘首率半徑面積所成者此扁方體與次率自乘再乘之正方體積等故用益積歸除法求得次率庚甲也詳六宗員容十八邊形起算條

二簡法

㊀一爲有兩弧之正餘弦求兩弧相加相減弧之正弦如四十五度正弦七寸零七釐一毫零六七八一一八六餘弦數同又有二十四度正弦四寸零六釐七毫三絲六六四三零七五餘弦九寸一分三釐五毫四

絲五四五七六四二。求兩弧相加六十九度之正弦。及兩弧相減二十一度之正弦　法以半徑庚戊爲一率。庚甲四十五度正弦庚己爲二率。庚子二十四度餘弦乙戊爲三率。求得四率乙辛與壬癸等。又以

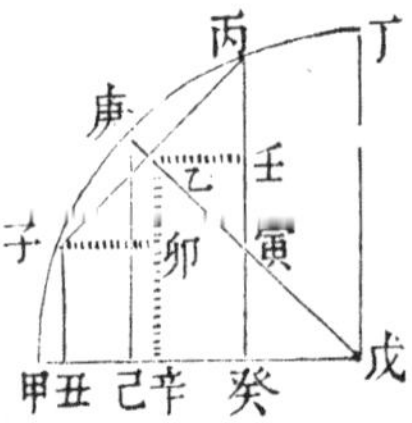

半徑庚戊爲一率。四十五度餘弦己戊爲二率。二十四度正弦丙乙爲三率。求得四率丙壬。乃以兩四率丙壬與壬癸相加。得丙癸爲丙甲六十九度正弦。若兩四率乙辛與乙卯。卯壬寅與丙壬固相等也相減餘卯辛。卯子丑則爲乙甲二十一度正弦也。

㊂一爲有距六十度前後相等弧之正弦。求距六十度弧

之正弦。如有丙甲八十四度弧正弦丙庚。及乙甲三

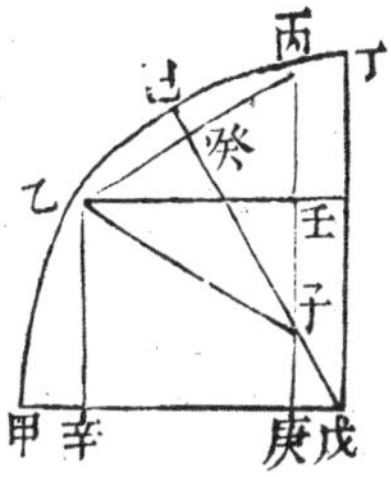

十六度弧正弦乙辛。二弧距己甲六十度弧皆二十四度求所距二十四度之正弦法。以丙甲弧正弦丙庚。內減乙甲三十六度正弦乙辛。即壬庚。餘丙壬。同丙癸。即丙己距弧二十四度之正弦也問丙壬何以同丙癸。曰試作乙丙通弦綫丙乙四十八度通弦。半之卽二十四度正弦。又作己戊半徑綫成丙子癸句股形。其子角必三十度蓋己戊甲之戊角六十度己甲六十度也。則丁戊己之戊角必三十度丁己爲己甲餘弧。而丙子與丁戊平行則丙子己之子角與丁戊己之戊角必同爲三十

度也。丙子癸句股形。除癸正角九十度。子角三十度。則所餘丙角必六十度。而乙丙壬句股形內除壬正角九十度。丙角六十度。則所餘乙角必三十度。兩句股形三角相等。則三邊必等。故丙壬爲丙子之半。同於丙癸爲丙乙之半也。有此法。則凡有六十度以前各弧。猶云未及六十度之弧。之正弦。如乙辛。即壬庚。又有距弧之正弦。如丙癸。即丙壬。二者相加。可得六十度以後各弧。猶云過于六十度之弧。之正弦。如相加得丙庚。若有六十度以後各弧之正弦及距弧之正弦。二者相減。可得六十度以前各弧之正弦矣。

八綫相求法

〇法以半徑甲丙。減同餘弦得正矢。若以半徑丙丁。減同正弦得餘矢。　以同餘弦比正弦。若半徑丙甲與正切。以同餘弦比半徑乙丙。若半徑丙甲與正割壬丙。以同正弦比餘弦。若半徑丁丙與餘切。以同正弦比半徑乙丙。若半徑丁丙與餘割己丙。

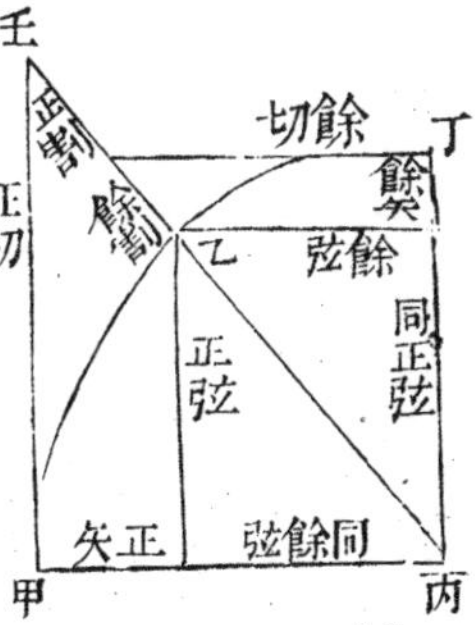

又正切求正割捷法。以半餘弧正切。加本弧正切。即得本弧正割。

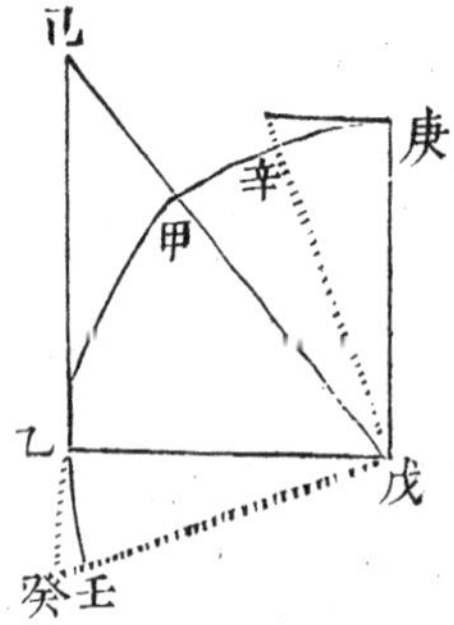

如圖。甲乙弧四十八度。將甲庚餘弧折半得庚辛二十一度移為乙壬。以其切綫乙癸加本弧切綫己乙。得己癸與己戊正割等。蓋己戊乙句股形。戊角四十八度。乙角正方九十度。二角併得一百三十八度。於一百八十度內減之。餘得己角四十二度。今於甲乙四十八度加乙壬二十一度成甲壬六十九度。則己戊癸三角形之戊角得六十九度也。合之己角四十二度。共得一百一十一度。於一百八十度內減之。所餘癸角亦六十九度。夫己戊癸三角形。既同用己角。餘二角之度又等。則己戊與己癸二邊必等矣。故己癸即己戊正割也。有此法則凡有逐度之切綫求割綫。可止用加法。不用四率矣。又凡有本弧之正切正割相減。即得半餘弧之正切。若有本弧之正割及半餘弧之正切。相減即得本弧之正切矣。

又餘切求餘割捷法。

法以甲乙弧四十八度。折半得辛乙。移為己壬二十四度。以二十四度正切己癸與本弧餘切己庚相加。成庚癸。即與本弧餘割庚戊等

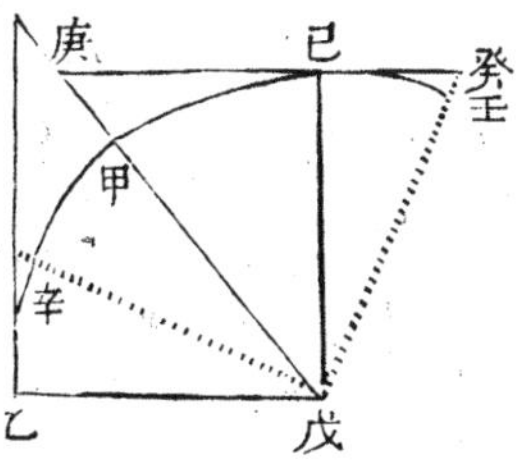

也。蓋庚己戊句股形。己正角。戊角四十二度。所對己甲弧乃

四十二度也。二角併得一百三十二度於一百八十度內減之餘得庚角四十八度今以甲己四十二度加己癸二十四度成戊庚癸形戊角六十六度而此形庚角既爲四十八度合戊庚二角共一百一十四度於一百八十度內減之所餘癸角亦六十六度是戊癸二角等也則其庚癸庚戊兩邊亦必等矣故庚癸即庚戊也。

求象限內各綫總法

六宗併新增十八邊及九邊形之每邊各半之得八弧之正弦用要法之一各求其餘弦又取十二度十五邊之半。用要法之三求半弧法折半四次得六度三度一度半及四十五分之正弦。一度半共九十分。折半爲四十五分。復用新增法求其三分之一得十五分之正弦。四十五分三分之一。復求得其三分之一。卽得五分之正弦。既得五分之正弦。乃用簡法之一求六十度以內之正弦。如五分與十五分相加得二十分正弦。若相減則得十分正弦。每越五分而得一弦可得七百二十。六十度共三千六百分。逢五分而一。故得七百二十。又用簡法之二有此法云云。求六十度以外之正弦。亦越五分而得一弦又得三百六十。六十度外尚有三十度。計一千八百分。逢五而一。故得三百六十。共得一千零八十。已居全表五分之一。一象限計五千四百分。故一千八十。止居五分之一。再以五分之弦。用要法之三。半之得二分三十秒之弦。復用新增法求其三分之一。得五十秒之弦。乃以五十秒之弧爲一率。五十秒之弦爲二率。一分之弧化六十秒爲三率。求得四率。爲一分之弦。既得一分之弦。卽用簡法之一之二。錯綜加減之。則每度每分之正弦俱得。而用八綫相求法。以求諸綫皆得矣。

三角法

其形有三。

一曰直角形。

甲爲直角。中矩卽句股形也。

一曰鋭角形。

三角俱銳者也。

一曰鈍角形。

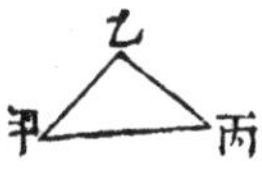

乙為鈍角也。

凡直角適足九十度。銳角則不足九十度。鈍角則過於九十度。如下圖。

如丙乙己角。凡稱角者以三字中一字為所指之角。此言丙乙己。乙字居中是指乙角言也。後倣此。所對丙己弧。得全員四分之一。足一象限九十度。故為直角。全員如太極。三百六十度。以戊己丙丁十字徑。分為四分。各九十度。如太極之分爲四象。故名象限。又如甲乙丙角所對甲丙弧。不滿一象限。故爲銳角。又如甲乙丁角所對甲戊丁弧。過於一象限。故名鈍角。蓋角度皆以所對弧度之大小命之也。

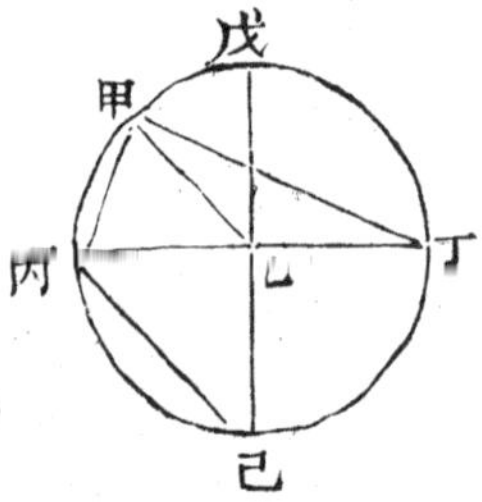

有角卽有所對之弧。而入綫生。

如甲乙丙角。所對甲丙弧。則有甲辛正弦綫。甲己餘弦綫。弧弓也。弦弓弦也。如倍甲丙弧。爲甲丙丁弧。如弓。則亦倍甲辛爲甲辛丁。如弦。今弧止用甲丙一半。則弦亦止用甲辛一半。倍者弦名通弦。半者弦名正弦。正對餘言也。詳下。庚丙正切綫。癸壬餘切綫。切貼切也。以貼切員邊丙癸二處起綫。故名庚乙正割綫。壬乙餘割綫。割分也。癸丙一象限。分爲癸甲甲丙兩弧由甲乙半徑所割而引甲乙至庚。與庚丙

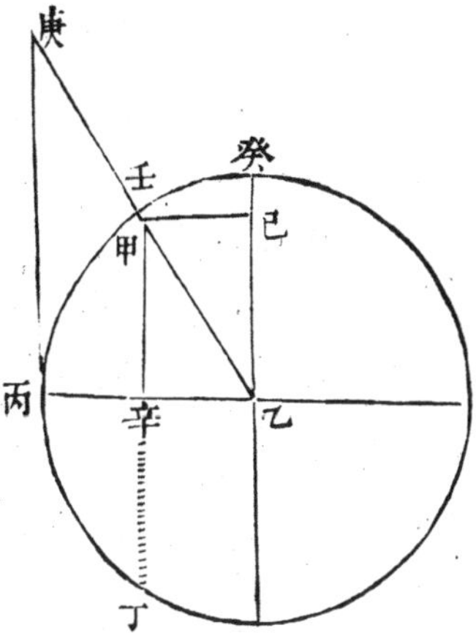

切綫相遇爲庚乙正割綫丙辛正矢綫癸己餘矢綫如弓之有矢故名是爲八綫而正餘之名則從所用之角與弧命爲正其餘角餘弧命爲餘也如用甲乙丙角則甲丙弧爲正弧而正弦爲甲辛正矢爲丙辛正切爲庚丙正割爲庚乙既用甲乙丙角則甲乙癸角是爲不用之餘角其甲癸弧爲餘弧甲己弦爲餘弦癸己矢爲餘矢乙壬爲餘割壬癸爲餘切也然用此爲正而以彼爲餘若用彼爲正則又以此爲餘矣。

八綫皆成句股而可比例以相求。甲辛正弦爲股乙辛餘弦爲句甲乙半徑爲弦一小句股也庚丙正切爲股乙丙半徑爲句庚乙正割爲弦一大句股也己乙正弦爲股己甲餘弦爲句。甲乙半徑爲弦。又一小句股也。癸乙半徑爲股。癸壬餘切爲句。壬乙餘割爲弦。又一大句股也。大小句股皆同式。固可互相比例。而凡同式之句股形。不論大小。均可例求矣。比例之法。以三率求一率。故三角形有三角度。有三邊丈尺。共六件。但知三件。卽可求其餘。或知二角一邊。或知一角二邊。或知三邊。皆可。惟止知三角。不知邊。則無實數可例。故不可求。然其中有邊角不對。難以爲例者。如兩角一邊。而邊在兩角之中。或兩邊一角。而角在兩邊之中。則邊角不對。須先求角。而知兩角。必知餘一角。是知兩角一邊。卽知三角一邊也。又知一角兩邊者。亦可用總較法。詳下第三條。求餘角。是知兩角兩邊也。既知四件。則邊角無不對。可求其餘矣。又知三邊者。則用垂綫分形法。詳下第七條。或用三邊之方面挍法比例。詳下第八條。而角可求矣。所謂知兩角卽知餘角角者。蓋合三角之度。必與兩直角等也。

以句股言之。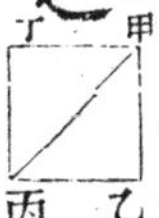

句股得直方之半。直方形爲直角者四。半之非得兩直角乎。甲丙兩直角。取其一。乙丁兩直角。取其一。又以銳角形考之。

於甲乙丁銳角形內。作丁丙垂綫。分爲左右兩句股。準上論。右形合丁乙二角。等一直角。則左形亦必合丁甲二角。等一直角矣。故三角形知二角度。於半周兩直角一百八十度內減之。得餘角度也。

句股形

兩角一邊求餘角餘邊例

(一)如甲乙丙句股形。有乙直角。有丙角五十七度。有丙乙邊五丈。求甲角及甲乙邊。

法先求甲角。以丙角度與一象限相減。餘得甲角三十三度。又求甲乙邊。以甲角爲對所知所知謂丙乙邊。之角。其正弦辛己。乙甲丙與庚己丙同式。庚己丙又與己丙辛交錯同式。故己丙辛角正弦。即甲角正弦。五萬四千四百六十四。即丙角餘弦丙庚。爲一率。丙角爲對所求之角。所求謂甲乙邊。其正弦己庚。即甲角餘弦辛丙。八萬三千八百六十七。爲二率。丙乙邊五丈爲三率。求得四率七丈六尺九寸九分三釐零。即所求甲乙邊也。又可變用丙戊半徑十萬爲一

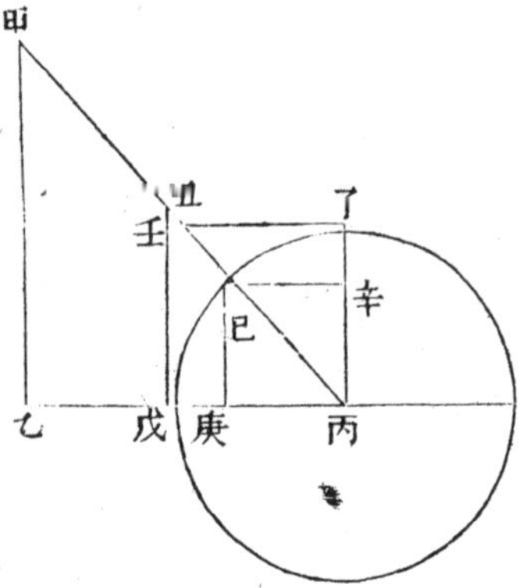

辛。壬戊切綫爲二率。

一　己辛即庚丙正弦　　變用　丙戊半徑

二　己庚正弦　　變用　壬戊正切

三　丙乙邊

四　甲乙邊

兩邊一角求餘角餘邊例

㊁如前形。止有乙直角。及丙乙甲丙二邊。求餘角餘邊。此邊角相對者。

求甲角　　求丙角

一。甲丙邊。　　一。丙乙邊。

二。丙乙邊。　　二。甲丙邊。

三。己丙。乙角正弦。卽半徑。

四。辛己。甲角正弦。卽丙庚。

三。戊丙。乙角正弦。卽半徑。

四。壬丙。丙角正割。

求甲乙邊

一。甲角正弦。丙庚。

二。丙角正弦。己庚。

三。丙乙邊。

四。甲乙邊。

(三)如前形止有乙直角。及甲乙乙丙兩邊。求餘角餘邊。此邊角不對者。

求甲角

一。甲乙邊。

二　乙丙邊。

三　子丙半徑。

四　子丑甲角正切。

求丙角

一　乙丙邊。

二　甲乙邊。

三　丙戊半徑。

四　壬戊丙角正切。

求甲丙邊　借上圖

一　子丙乙角正弦。卽半徑。

二　丑丙甲角正割。

三　甲乙邊。

四　甲丙邊。

又法。銳鈍同術。

一　兩邊之和。五十四丈六尺四寸一分。甲乙邊二十丈。乙丙邊三十四丈六尺四寸一分所併。

二　兩邊之較。十四丈六尺四寸一分。

三　半外角切綫十萬。

四　半較角切綫。二萬六七九四八。檢表得半較角度。以加半外角。得甲角度。若相減則得兩角度。

甲乙。乙丁。乙戊。皆半徑。相等也。故丁丙爲甲乙乙丙兩邊

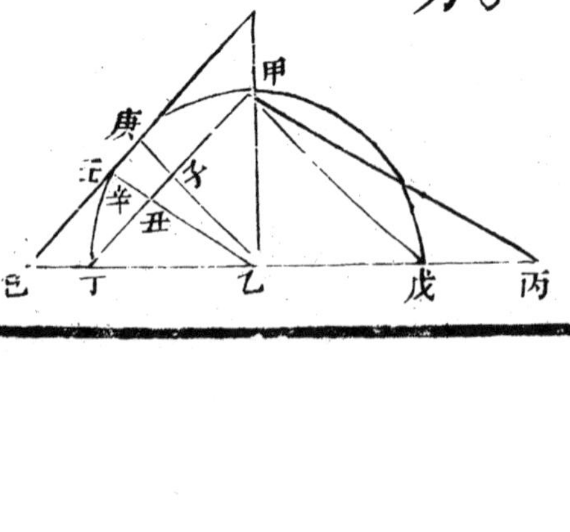

之總。而丙戊爲兩邊之較。

解曰。凡有兩邊一角求餘角者。以對所知之邊爲一率。對所求之邊爲二率。對所知之角爲三率。以例四率。得所求之角。今甲丙二角俱不知。是無三率也。然甲丙二角雖不可知。而乙角之外角甲乙丁角。則可知。于半周減內角。餘爲外角。而外角兼有甲丙二角之度。內外二乙角合成半周。兼兩象限。而外乙角爲內乙角之減餘。又凡三角形。合三角度。得兩象限。是甲丙二角亦乙角之減餘。彼此均爲乙角減餘。則其度必等。故乙外角。兼有甲丙二角度也。設甲丙二角度等。作甲戊綫。改甲乙丙形。爲甲乙戊形。則甲戊二角必等。以甲乙戊乙兩邊同爲半徑。兩邊度等。則兩角度必等也。則平分外角爲兩半。作乙庚綫。平分之。一爲丁乙庚角。一爲庚乙甲角。每一半與一角等。知半外角。則知一角矣。丁乙庚等乙戊甲。庚乙甲等乙甲戊。觀乙庚與甲戊半行可見。然甲丙二角。其度不等。甲角較丙角爲大。則外角須分爲一大一小以相儗。作乙辛綫與甲丙平行。分外角爲辛乙甲。大卽同甲角。分丁乙辛。小卽同丙角。而求其大小之較。大小之較辛乙庚也。而乙辛與甲丙。乙庚與甲戊。並平行。則亦卽戊甲丙角。大角過于一半者以此。小角不及一半者亦以此。得大小之較。而大小可知。于甲乙庚半外角。加較。得甲大角。于庚乙丁半外角。減較。得丙小角。故以半外角切綫庚己爲三率。以半較角切綫庚壬爲四率。以與一率兩邊之和丁丙二率兩邊之較丙戊相比也。甲丙丁三角形。以丙丁比丙戊。若子丁與丁丑。全邊比半邊也。而子丁爲半外角正弦。庚己爲半外角正切。正弦與正切相應。故轉爲以丙丁比丙戊。若庚己與庚壬。

次求甲丙邊。照第一條法。

銳鈍形（銳角鈍角。大同小異。故併爲一。）

兩角一邊求餘角餘邊例

㊃如甲乙丙銳角形。知乙角六十度。丙角四十六度。乙丙邊三十二丈。求餘角餘邊。

法先求甲角。併乙丙二角。得一百零六度。與半周一百八十度相減。得甲角七十度。次照第一條法。

求甲丙邊

一　丙己甲角正弦。

二　丙庚乙角正弦。

三　乙丙邊。

四　甲丙邊。

求甲乙邊

一　己乙甲角正弦。

二　乙戊丙角正弦。

三　丙乙邊。

四　甲乙邊。

問丙已何以爲甲角正弦。丙庚何以爲乙角正弦。曰。

甲角。卽丙丁戊角也。故丙丁戊角之正弦。丙己。卽甲角之正弦。又乙角。卽壬丁丙角也。故壬丁丙角之正弦。丙庚。卽乙角之正弦。何也。凡界角爲心角之半。甲乙丙形。三角皆切員界。是名界角。若于員心丁。作丁丙丁乙丁甲三綫。卽成甲丁丙。丙丁乙。乙丁甲。三三角形。此三三角。各以丁角居員心。是名心角。心角之度必大于所戴界角之度一倍。試爲圖明之。

丑午寅心角。必大于丑子寅界角一倍。試作午未綫。

與子丑平行。而平分丑寅弧爲二。亦平分丑午寅心角爲二。其一丑午未。其一未午寅。並與丑子寅等。何者。午未與子

丑平行。子寅又同爲一徑綫。則二形之爲同式可知也。未午寅心角所對寅未弧。非卽丑子寅界角所對弧度乎。故丑子寅界角度。止得丑午寅心角所對寅丑弧度之半也。又如下圖。

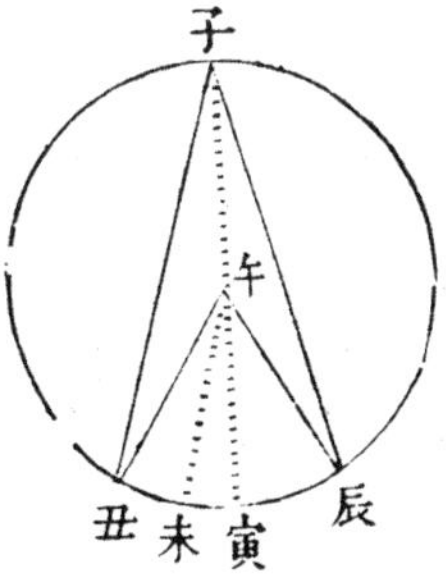

丑午辰心角。必大于丑子辰界角一倍。試作子午寅綫。平分界角心角各爲二。照上圖論。則丑午寅半心角。必大于丑子寅半界角一倍。則寅午辰

半心角。亦必大于寅子辰半界角一倍矣。又如下圖

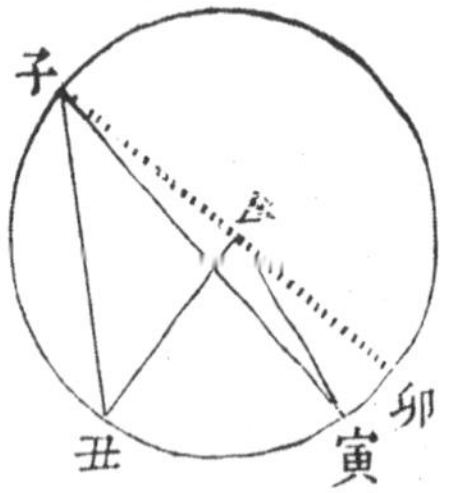

丑午寅心角必大于丑子寅界角一倍。試作子午卯徑綫。增丑子寅界角爲丑子卯界角。亦增丑午寅心角爲丑午卯心角。照上圖論。則所增心角必大于所增界角一倍。而原心角。亦必大于原界角一倍。可知矣。

然則甲乙丙鋭角形各邊折半。皆其所對角之正弦無疑矣。故求甲丙邊者。以甲角正弦巳丙比乙角正弦丙庚。若乙丙邊與甲丙邊。而求甲乙邊者。以甲角正弦巳乙比丙角正弦乙戊。若丙乙邊與甲乙邊也。

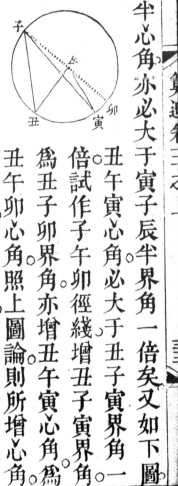

蓋角大者其對邊大。正弦亦大。角小者其對邊小。正弦亦小。可相比例矣。

問各角正弦與各邊不平行。何以能相爲比例。曰此易知也。試以甲乙小邊爲半徑作甲丁爲乙角正弦。正弦乃半徑所生。故以邊爲半徑取正弦。又截甲丙中邊于己。取己丙如甲乙。半徑度作己戊爲丙角正弦。正弦生于半徑。故必兩半徑相等。乃可較正弦之大小。故截己丙如甲乙。便見乙角大。所對甲丙邊亦大。其正弦甲丁亦大。丙角小。所對甲乙邊亦小。其正弦己戊亦小。而正弦如句股形之股。邊如句股形之弦。甲丁大股。甲丙邊大弦。己戊小股。己丙即甲乙邊小弦也。股與股之比。若弦與弦之比。故雖斜弦斜。正股正。不

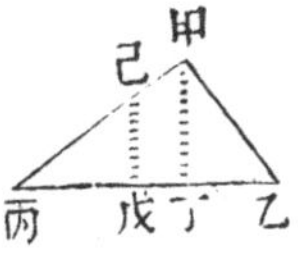

平行。而能相爲比例耳。

又法。如甲乙丙形有乙角六十度。丙角四十六度。乙丙邊三十二丈。求甲乙邊。法以乙角餘切戊己。卽壬丑。加丙角餘切辛辰。卽子丑。成壬子。爲一率。乙角之餘割己乙。

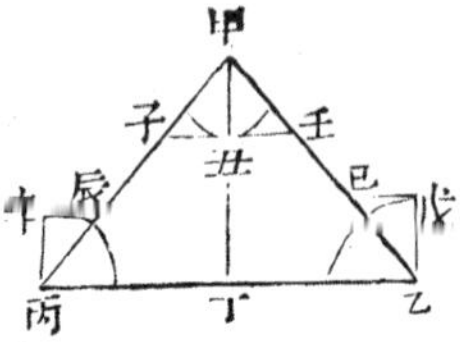

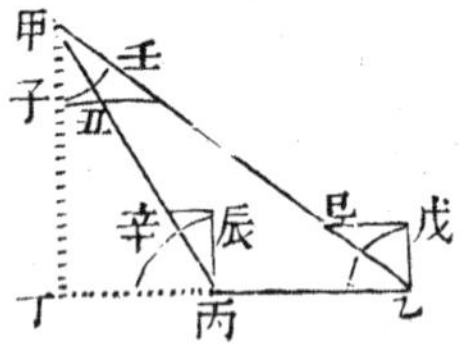

卽甲壬。爲二率。乙丙邊爲三率。求得四率甲乙邊。法爲壬子比壬甲。若丙乙比乙甲也。　若鈍角。則以乙角餘切戊己。卽子壬。與丙外角餘切辛辰。卽子丑。相減。餘壬丑。爲一率。乙角餘割己乙。卽甲壬。爲二率。乙丙邊爲三率。求得四率。乙甲。

㊄

如甲乙丙鈍角形。知乙角二十四度。丙角三十六度半。乙丙邊七十九丈零一寸。求餘角餘邊。

依法先求甲角。次求甲乙邊。照例當以甲鈍角之正弦。比丙角之正弦。若乙丙邊。比甲乙邊。而鈍角過于九十度。則無正弦。反以外角之正弦爲正弦。法以

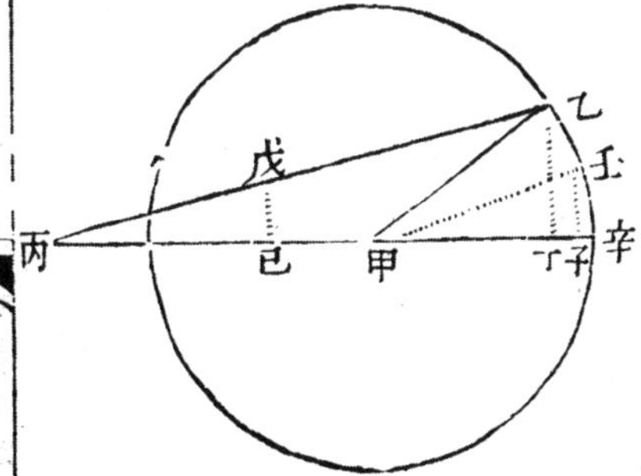

甲外角之正弦爲一率。乙甲丙鈍角形。乙甲辛其外角也。外角之正弦乙丁。亦卽甲鈍角之正弦。又截丙戊如乙甲。作戊己爲丙角之正弦。可見甲角大。則其對邊乙丙亦大。正弦乙丁亦大。丙角小。則其對

邊乙甲。即戊丙。亦小。戊己正弦亦小。故以乙丁比戊己。若乙丙比乙甲也。　或疑鈍角之度益大其正弦反漸小。而其所對之邊則漸大。何以能相爲比例。不知外角。原兼有餘兩銳角丙乙之度。而鈍角之正弦。必大于餘兩銳角之正弦。故得爲大邊之比例也。試于前圖。作甲壬綫。與丙乙平行。則壬甲子句股之甲角。與乙丙丁句股之丙角。必同度。爲其句既同用一丙辛徑綫。而弦又平行。故角度同也。又壬甲乙角。即乙銳角度。爲其爲交錯之角。亦度相等也。見幾何原本。　壬甲子角。既同丙角。則于壬甲子作壬子正弦。必同于戊己。而小于乙丁可見矣。

兩邊一角求餘角餘邊例

⑥如甲乙丙鈍角形。知乙角一百一十度。甲乙邊二十二丈五尺五寸。甲丙邊三十二丈三尺四寸。求餘邊角。

求丙角。

一 甲丙邊。

二 乙角正弦。

三 甲乙邊。

四 丙角正弦。

求甲角。合乙丙二角度。以減半周。餘爲甲角。

求乙丙邊。可用二角一邊例求之。

又法。有丙角甲乙邊。甲丙邊。求甲角。法以甲丙邊爲一率○甲乙邊爲二率○丙外角之餘割己丙即甲丁丙形甲角之正割甲辛○爲三率○乙角之餘割戊乙即甲丁乙形○甲角之正割甲庚○故甲丙比甲乙○若甲辛比甲庚也○

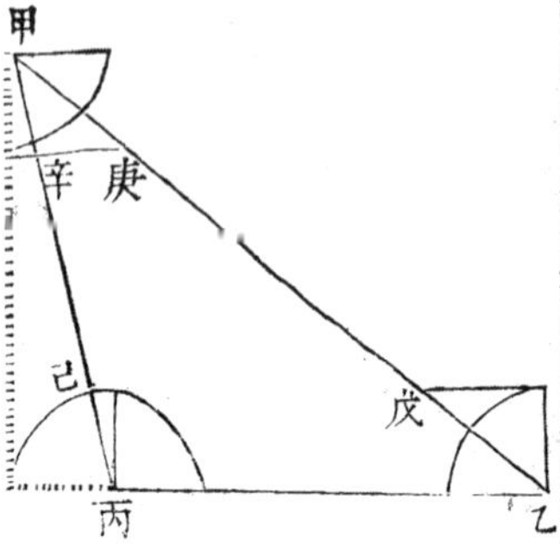

⑦如甲乙丙銳角形○知甲角六十度○甲乙邊四十丈○甲丙邊二十六丈一尺零八分○求餘角餘邊○

先求乙丙二角○用總較法○

一　丙邊之和

二　丙邊之較

三　半外角切綫

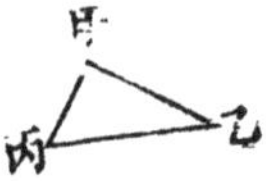

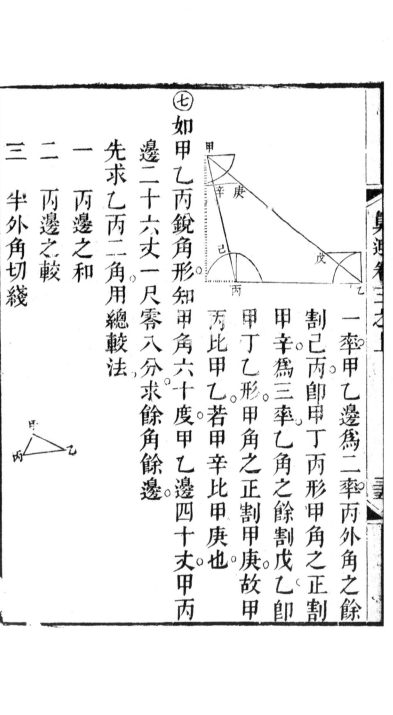

四　半較角切綫

檢表得半較角二十度。與半外角相減。得乙角度。于半周內減甲乙二角。餘八十度。爲丙角。得乙角可求乙丙邊矣。

又法。作垂綫。分爲兩句股算之。

作甲丁垂綫。分左右兩句股形。先求垂綫法。用左形。爲以丁直角正弦。即半徑。比甲丙邊。若甲角正弦。比丙丁垂綫也。

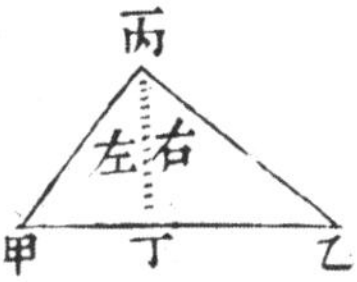

一　丁角正弦

二　甲丙邊

三　甲角正弦

四　丙丁垂綫

次求甲丁分邊。

一　丁角正弦

二　甲丙邊

三　丙分角正弦合丁甲二角度以減半周。得丙分角。

四　甲丁分邊

得甲丁。而丁乙可知。則右形。有丁直角。有丁乙丁丙二邊。可照第三條法。以乙丁比丁丙。若半徑與乙角切綫。得乙角。而餘俱可求矣。此垂綫垂于形內者也。

若鈍角而垂綫在形外者。如下圖。

甲乙丙鈍角形。作丙丁垂綫于形外。成丙丁乙。及丙丁甲。兩句股。先用丙丁甲形。求丙丁垂綫。及甲丁虛邊。以丁直角正弦。比甲丙邊。若甲外角正弦。與丙丁垂綫。又以丁直角正弦。比甲丙邊。若丙分角正弦。合丁直角甲外角度。以減半周。得丁丙甲分角度與甲丁虛邊。以加甲乙邊。得乙丁虛邊　又以乙丁比丙丁。若半徑與乙角正切。得乙角。而餘可求。

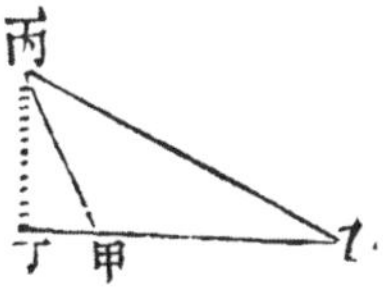

又法。如甲乙丙三角形。有甲角六十度。甲乙邊四十丈。甲丙邊二十六丈一尺零八分。求乙角。法先求丁丙垂綫。分為丙丁甲。丙丁乙。二句股形。以丁角正弦。即丙角半徑。子丙為一率。以甲角餘弦甲丑。即丙角正弦子午○為二率○以甲丙邊為三率○求得甲丁分邊○卽得甲子分邊○與甲乙邊相減○餘為乙丁分邊○因以甲丁為首率○乙丁為次率○甲角餘切己庚為三首率○

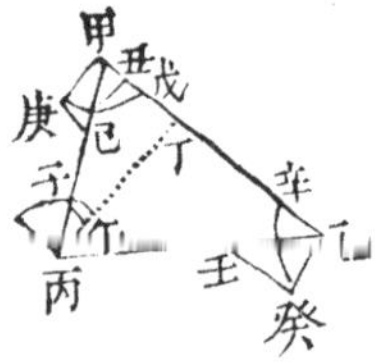

得乙角餘切壬癸為四率○檢表得乙角○蓋庚己甲小句股形○與甲丁丙大句股形同式○則小形之庚己句○可比大形之甲丁句○壬癸乙小句股形與乙丁丙大句股形同式○則小形之壬癸句可比大形之丁乙句○故甲丁與乙丁之比○同於庚己與壬癸之比也○

又法○如下圖○以甲丙邊為一率○甲乙邊為二率○甲角餘割○辛丙○卽甲丙丁分形丙角正割○為三率○求得四

率辛壬為兩丙分角之共切。蓋辛己為甲丙丁分形丙角之正切。即甲角之餘切。己壬為乙丙丁分形丙角之正切。又即乙角之餘切。故甲丙與甲

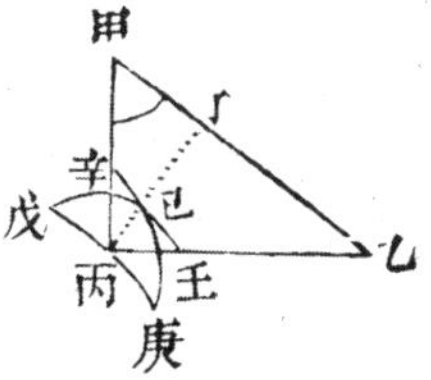

乙之比。同于辛丙與辛壬之比也。

三邊求角例

(八)如甲乙丙鋭角形。知甲乙邊一百二十二尺。甲丙邊一百一十二尺。乙丙邊一百五十尺。求角。

如求丙角。先從甲丁垂綫分為兩句股形。以底邊為兩句（以垂綫分為兩句股形。則底邊乃兩句也。）之總列一率。以甲丙甲乙兩邊相併為兩弦之總列二率。又以甲丙甲乙兩邊

相減。餘為兩弦之較。列三率。求得四率。一十五尺六寸。為兩句之較。乙戊與底邊乙丙相減。餘丙戊一百三十四尺四寸折半得丁丙六十七尺二寸。乃列四率

一　甲丙邊

二　丁丙邊

三　丁角正弦 即半徑

四　甲分角正弦 即丙角餘弦

檢表得丙角度。既得丙角。則用一角二邊法而得餘角。究如圖。以甲角為心。甲丙小邊為半徑作員。截甲乙邊于庚。截丙乙邊于戊。將甲乙引長至員界己。則甲己與甲丙等。自己至乙。即兩邊之和。而庚乙

即兩邊之較。乙丙即兩句之和。乙戊即兩句之較。故以句和比邊和。若邊較比句較。爲轉比例四率也。

問其不爲正比例。而爲轉比例。何也。曰句和乘句較。與句和乘弦較等積。而句和必小于弦和。句較必大于弦較。如同積之布幅然。幅闊者必短。狹者必長也。爲下圖明之

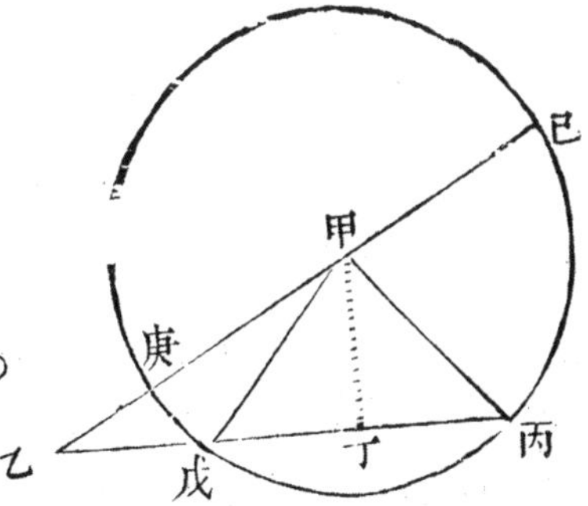

甲乙丙形。以甲丁垂綫。分兩句股。小句乙丁之冪爲乙丑。即戊丑。丁丙大句之冪爲丁子。于丁子內減丑戊。餘戊未及丁丑。移戊未爲丑卯。成寅子長方。則寅

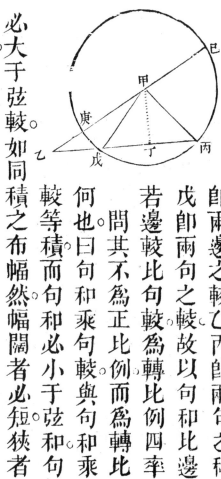

未即兩句之和。未子即兩句之較也。句較乘句和。即兩句冪相減之餘積。又小弦甲乙即甲己。其冪爲甲

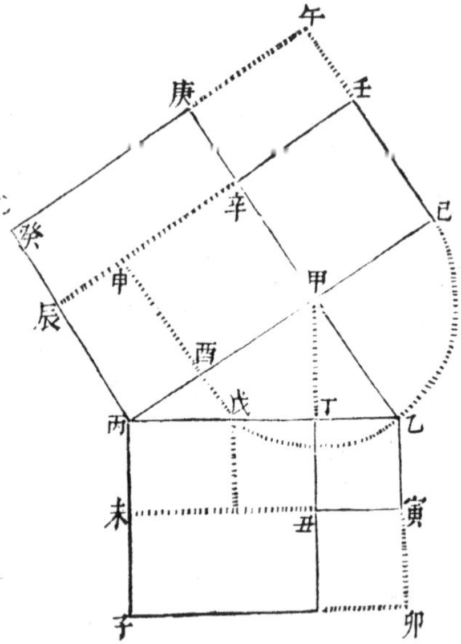

壬。即甲申。大弦甲丙其冪爲丙庚。于丙庚内減甲申。餘庚辰及辰酉。而移辰酉爲午辛。戌午辰長方。則午癸即兩弦之和。辰癸即兩弦之較也。以弦較乘弦和。亦即兩句冪相減所餘之積。何者。凡弦自乘冪必兼有句自乘股自乘二冪。是大弦丙庚冪。即

丁丙句自乘冪甲丁股自乘冪也。小弦甲申冪亦即丁乙句自乘冪甲丁股自乘冪也。于大弦冪丙庚內對減去小弦冪甲申，猶之于丁丙句冪甲丁股冪內對減去丁乙句冪甲丁股冪也。彼此甲丁股冪已對減盡，所存者乃丁丙句冪內減去丁乙句冪之餘積耳。股同是甲丁，而丁丙句大于乙丁句，故股減盡而句不盡。必與寅子長方兩句減餘之積等矣。故曰弦和乘弦較與句和乘句較等積也。

又法，如求丙角法，以甲丙邊移為丙子，甲丙同丙戌，可移為丙子。與乙丙邊即丙癸相乘，成丙丑長方，倍之成丙卯長方，為一率。以甲丙邊自乘成甲戊方，乙丙邊自乘成

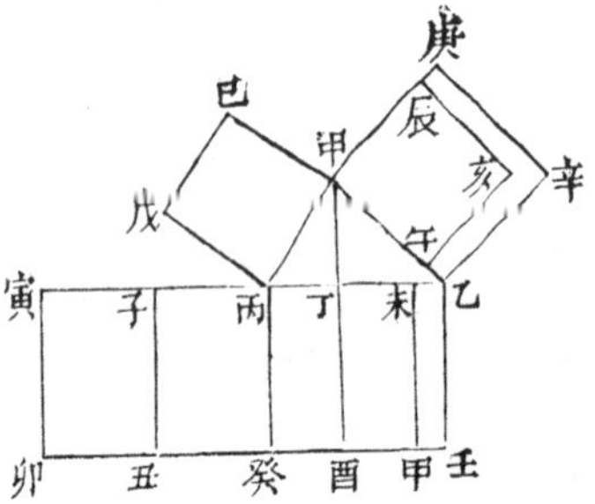

乙癸方二方相併於內減甲乙邊自乘之甲辛方餘申丙長方甲亥等甲戊既對減去又減庚辛乙午亥辰磬折形卽如減去同積之乙午申長方故止餘申丙長方然何以知磬折形之與乙申長方等蓋甲乙丙形分爲甲丁丙甲丁乙兩句股乙未乃乙丁丁丙兩句之較也乙壬卽乙丙則兩句之和也午乙乃甲丙卽己甲與甲乙兩弦之較也乙辛加辰亥卽同己甲加甲乙兩弦和也兩句和較相乘與兩弦和較相乘等積爲二率半徑十萬甲丁丙句股形丁直角之正弦也凡直角之正弦卽半徑爲三率求得四率爲丙角餘弦卽甲角正弦檢表得丙角度按積與積之比若邊與邊之比然則以丙卯方比申丙方卽同于丙寅邊比丙未邊寔又全與全之比若半與半之比然則丙寅之比丙未卽同于子丙之比丁丙寔又丁直角正弦與對邊甲丙卽子丙相比卽同甲角正弦與對邊丁丙之比

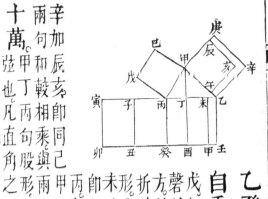

故以丙卯方爲首率。申丙方爲次率。丁角正弦。卽半徑爲三率。甲角正弦。卽丙角餘弦。爲四率也。又法。併三邊得三百八十四尺。爲邊總。折半得一百九十二尺。爲半總。乙庚等乙己。甲戊等甲庚。丙戊等丙己。各取其一。是折半用也。以甲乙邊與半總相減。餘己丙七十尺。爲甲乙邊與半總之較。以乙丙邊與半總相減。餘甲戊四十二尺。爲乙丙邊與半總之較。以甲丙邊與半總相減。餘乙己八十尺。爲甲丙邊與半總之較。乃列四率。

一　半總

二　乙己較

三　乙丙較乘甲戊數

四　一千二百二十五尺。開方得丁己三十五尺。爲心垂綫。

解曰。甲乙丙形。作分角綫丁乙等。垂綫丁己等。即分爲六句股形。俱兩兩相等。又援甲戊度。引乙丙綫至辛。則乙辛即半總。爲三較之和。試自辛作直角。將乙丁綫。引長至壬。成乙辛壬句股形。則辛壬與丁己平行。乙辛壬形與乙己丁形同式。其乙辛半總與乙己較之比。即同壬辛與丁己垂綫之比。而不知壬辛。因思己丙與丙辛

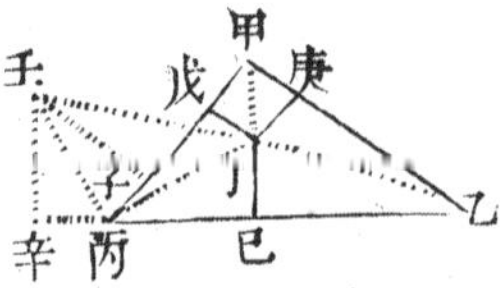

即甲戊相乘之數。同于丁己與壬辛相乘之數。試作壬丙綫壬子綫。成等邊之兩句股。合爲一子丙辛壬大四邊形。每一句股。合三角得一百八十度。則二句股合三百六十度。除子辛兩直角共一百八十度。餘一百八十度。乃大四邊形之丙角壬角共度也。然戊丙己丁小

四邊形乙丙角爲大四邊丙角之外角內外角亦合成一百八十度是小四邊形之丙銳角與大四邊形之壬銳角等度也又小四邊形之戊己二角即同大四邊形之子辛皆爲直角則小四邊形之丁鈍角亦必等大四邊形之丙鈍角可知而大小二形爲同式即各析爲兩三角亦同式矣則以丁己比己丙必若丙辛與辛壬而四率之法中兩率相乘與首末相率相乘同實故以己丙乘丙辛代丁己乘壬辛而丙辛即甲戊己丙乘丙辛即己丙乘甲戊也故以己丙與甲戊即丙辛相乘之數爲三率其所得四率即丁己自乘之數也首率次率乃邊與邊之比三率四率乃面與面之比因三率爲壬辛乘丁己故四率亦爲丁己乘丁己也既得丁己可求丙角用丁己丙形

一　己丙邊

二　己角正弦即半徑

三　丁己邊

四　丙分角正切。檢表得二十六度三十四分。倍之爲丙角度梅定九曰。三邊求角。得數後須加審。以鈍角與外角同一八綫也。此先求半角。則可無疑矣。

句股測量

用矩度。

以白石爲心。取無燥溼之異。木鑲邊。心取方一尺。四邊各分一百分。照分用墨筆畫橫直綫。惟正中十字綫用朱畫。於橫朱綫兩端。各安一粗針。名曰定表。又於兩朱綫十字相交中心處。鑽一針孔。以安遊表。　遊表以直銅條爲之。其體三稜。稜相去

矩度圖

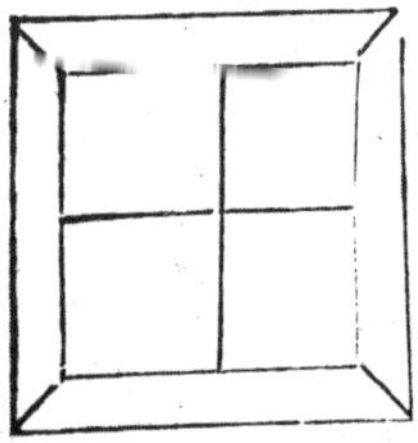

各二分。其長一尺五寸。亦分爲一百五十分。其面作一分中綫。於分中綫折半處。對底稜貫一粗針。插安矩心。以爲轉運之樞。又於分中綫兩端。對底稜各安一粗針。以爲

遊表式

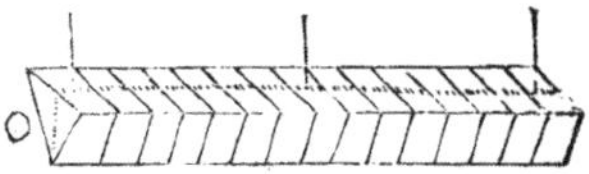

窺視之表。以其可旋轉遊移。故名遊表。遊表與矩相切。卽成句股形。蓋遊表爲弦。横朱綫爲句。遊表所切矩邊。垂綫至横朱綫爲股也。 凡測高用立矩。於直朱綫之端。掛一綫。下繫鉛墜。視掛綫與直朱綫合而爲一。乃定矩勿動。測有遠可例之高。

(一)如有旗杆不知其高但知人立處距旗杆三丈問杆高若干

法用立矩定準墜綫以定表兩針對旗杆戊處看成一綫則戊處即爲地平從戊量至地得四尺以遊表兩針對杆頂甲看成一綫即從遊表切矩邊子處數至橫朱綫端丁處得子丁四十分如股爲二率半橫朱綫五十分如句爲一率距旗杆遠三丈爲三率求得四率二丈四尺爲旗杆頂至戊之度加戊至地四尺得杆高二丈八尺

一句心丁五十分

二股子丁四十分

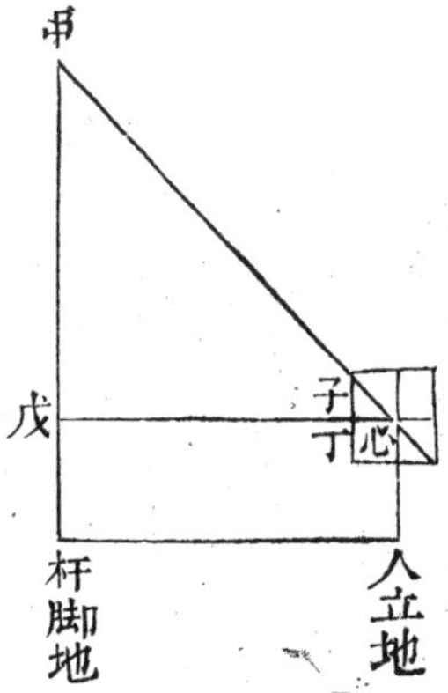

三句心戊三丈。

四股甲戊二丈四尺。

測有高可例之遠

(二)前條若知杆高而測遠則於杆高二丈八尺內減戊至地四尺餘二丈四尺而反用其率反一三為二四二四為一三也。

借上圖

一股子丁。

二句心乙。

三股甲戊。

四句心戊。

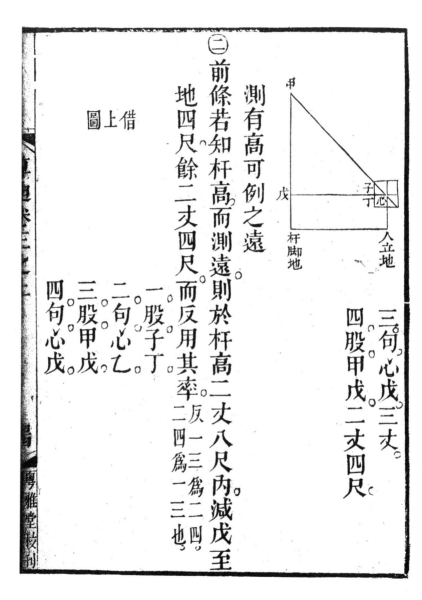

測無遠可例之高

㊂如有山一座。欲知其高。

法用重測。甲癸如山高。先于午處立矩。以定表對山脚戊處爲地平。戊離地四尺。以遊表對山頂甲處得

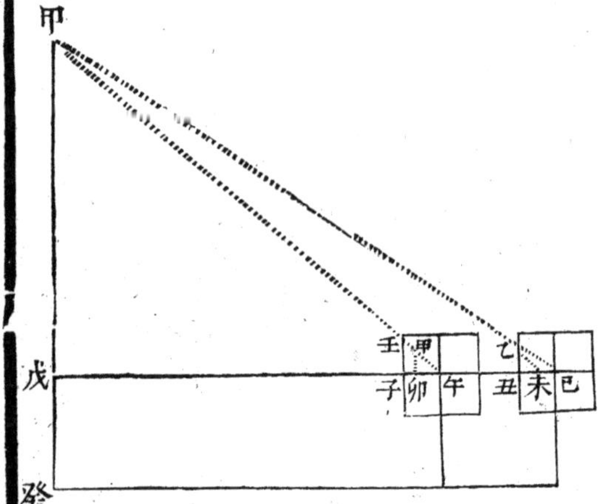

一	己未	小句較
二	乙丑	小股
三	己未	大句較
四	甲戊	大股

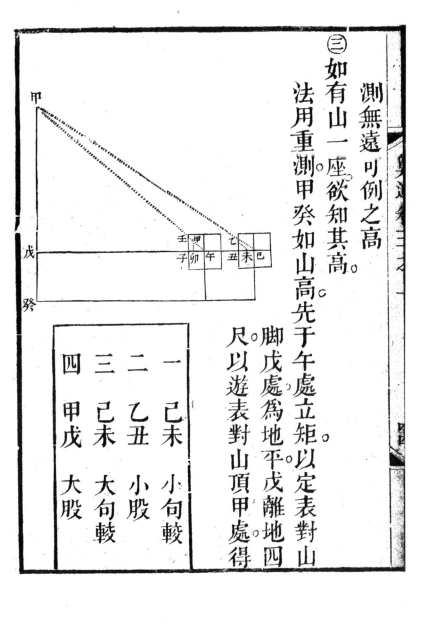

此圖兩遊表皆交於矩左邊者。若前矩交於上邊。後矩交於左邊。則以半直朱綫五十分如股爲一率。上邊分數如句爲二率。左邊分數如股爲三率。求得四率。與次率相減。餘爲小句較。省算法。從左邊交點。橫數至與前遊表相交處。即兩句較。若兩遊表俱交

股壬子四十分。又自午向後己處量九丈。復於己處立矩。以定表對戊。以遊表看山頂甲。得股乙丑三十二分。是前矩所得午壬子小句股形。與後矩所得己乙丑小句股形。句同。俱五十分。而股異也。一四十分。一三十二分。與前矩所對之午甲戊大句股形。與後矩所對之己甲戊大句股形。股同。同是甲癸

於上邊者。則以兩交分數相減。卽爲較。省算法但數兩交相距之數。卽兩句較。

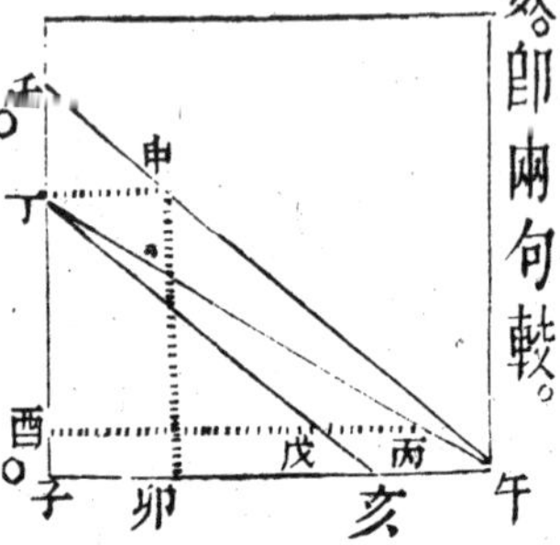

省算法。于壬子股取乙丑股三十二分爲丁子。從丁橫數至壬午遊表申處。得十分。

而句異。一午戊。一己戊。不符。須將兩小句股。亦改爲股同句異。方可比例。法用前小股壬子四十分爲一率。子午句五十分爲二率。後小股乙丑三十二分爲三率。求得四率丑未四十分。與子午句五十分相減。餘己未十分。爲前後兩小句之較。則股同而句異矣。是後矩乙丑己形。與甲戊己大形即卯子。又即己未。移為午亥。作亥丁綫。察此綫與丁午後遊表。橫距丙戊九分。以當兩矩心之距九丈。而引丙戊至酉。從酉上數至丁。得二十八分八釐。以當甲戊二十八丈八尺也。

同式。後矩乙丑未形即前矩申卯午形與甲戊午大形同式。因以己未小句較十分為一率。乙丑小股三十二分為二率。己午距九丈。即大句較。為三率。求得四率大股二十八丈八尺。加戊至地四尺。得山高二十九丈二尺。

測無高可例之遠

四 如上條。欲知午戊之遠。則以己未為一率。未丑為二率。

己午爲三率。求得四率。午戊。

(五)又法。如有石不知其遠。於乙處立一表。用臥矩。以乙爲矩心。以遊表依直朱綫對石脚。如辛。以定表取乙直角。隨直角立表二三處。自乙至丙橫量十五丈。復以丙爲矩心。臥矩以定表對乙。以遊表看辛。得邊綫午至申三十分。如句。爲一率。丙至午五十分。卽申丁度。如股。爲二率。乙丙十五丈。如句。爲三率。求得石距乙二十五丈。如股。蓋丙午申倒句股。卽申丁丙順句股與辛乙丙句股同式也。

一	申午
二	午丙

三　丙乙
四　辛乙

六
如有甲石欲知其遠左右各臥一矩兩矩心丁子之距三十九丈不能取直角左矩遊表交己得己午一十一分二釐五毫右矩遊表交乙得乙丑三十七分五釐問兩矩心去石遠各若干

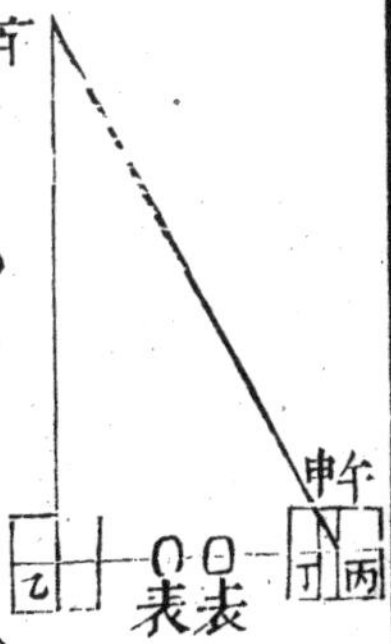

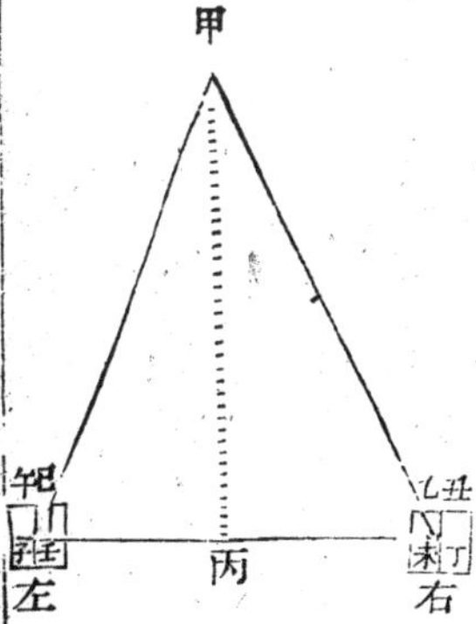

法以乙丑加午己共得四十八分七釐五毫爲一率數右遊表丁乙度六十三分五釐爲二率丁子三十

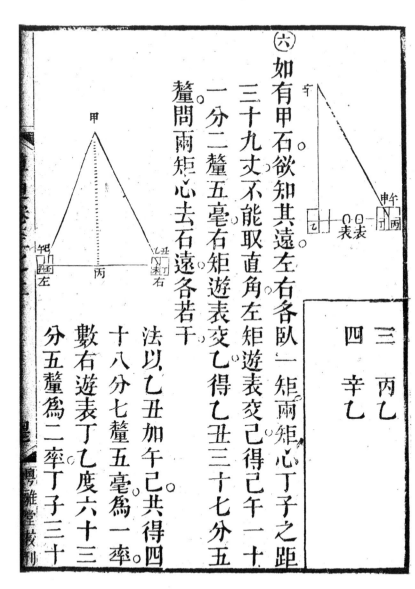

九丈爲三率求得甲丁五十丈爲右矩心去石遠若以左遊表子己度五十一分二釐五毫爲二率則得甲子四十一丈爲左矩心去石遠　試自甲角作甲丙垂綫分甲子丁鋭角形爲兩句股則甲丙子與子午己即己子壬同式甲丙丁與丁丑乙即乙未丁同式故合丑乙己午即合丁未壬子爲兩小句之和比兩小弦若合丁丙丙子兩大句之和比兩大弦也此兩矩與石成鋭角形者故以兩小句相併爲和作

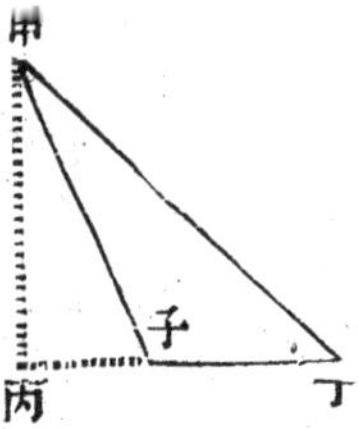

一率若成鈍角形如此圖則以兩小句相減爲較作一率餘同

蓋前圖垂綫在形内乃甲丙子

甲丙丁。兩句股形。合爲甲子丁鋭角形。故取兩小句相併爲一率。此圖垂綫在形外。乃甲丙子甲丙丁兩句股形相減成甲子丁鈍角形。故取兩小句相減爲一率也　又此兩遊表所交俱在矩上邊者。乃股同乙未與己壬相等而句異也。若相交一在矩上邊則股長一在矩旁邊。則股矩或並在旁邊。則股長短亦不必同。皆須同其股。乃可比例。法爲以長股比長句。若短股與短句。得短句。與長句相減。餘卽兩小句較。爲一率

餘同上法。如丁子兩矩心相去三十丈。右矩遊表交左邊乙處。得乙丑二十七分。如股。丁丑五十分。如句。其遊表丁乙度得五十六分八釐弱。如弦。左矩遊

表交左邊己處得己戊如股大于右矩之乙丑股當照乙丑股度於己戊股內截壬戊如乙丑而從壬點看橫綫與遊表相交于午數午壬得二十分卽爲兩小句股較也何則午辛子形卽己戊子形所縮小者試移午辛子於右矩乙丑丁內爲乙丑未則丁未爲

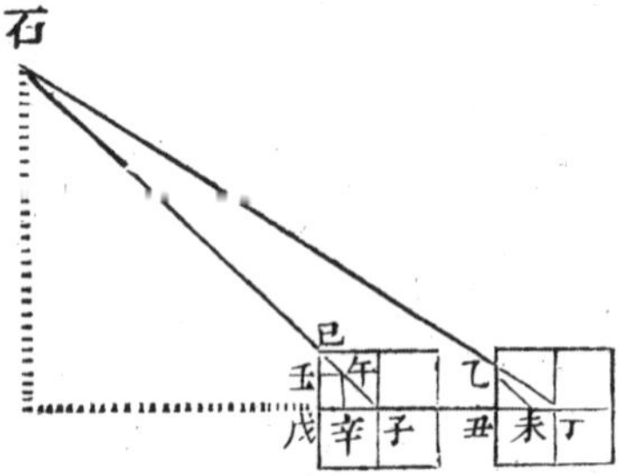

兩句之較而丁未卽午壬耳乃以丁未卽壬午二十分爲一率右遊表度五十六分八釐弱爲二率兩矩心子丁相去三十丈爲三率求得四率八十五丈二尺弱爲右矩心距石遠若以左遊表度四十分

三釐零爲二率則所得四率六十丈五尺四寸餘爲左矩心距石遠

測深與測高同理但下窺即是如測井知井口之徑闊即倣第一條測之如不知徑闊即照第四條測之

三角測量

用儀器

作全員儀測高深俱便作半員儀象限儀則測深須倒安然全半二者取角無分鋭鈍皆於器中得之若象限儀取鈍角則遊表在器外難稽過限之度今取其輕少易于攜帶即于矩度上作之一物二用且妙於省算而旣有矩度可稽若遇鈍角可用一麻綫依

横朱綫引長至交遊表處止。乃從限邊摺轉。看比横朱綫得若干分。移遊表交之。則知鈍角過象限若干度矣。於丁直角鑽一針孔。以安遊表。遊表卽用矩度者。移中針於表端安之。卽是

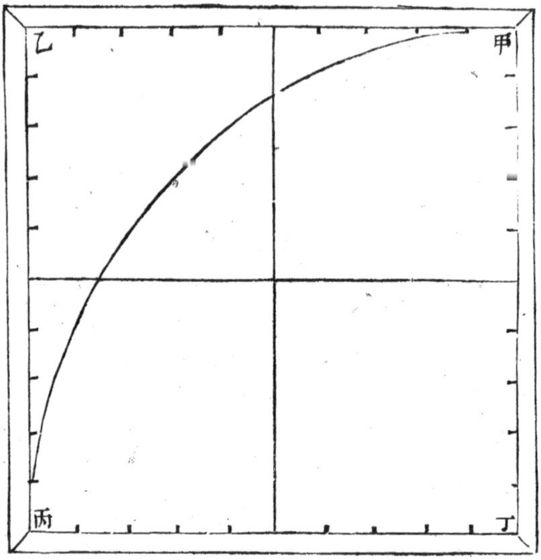

測有遠可例之高

(一)如有一塔。但知其遠。從立儀器處。至塔心。乃爲三十丈。遠。非止至塔邊也。須知。

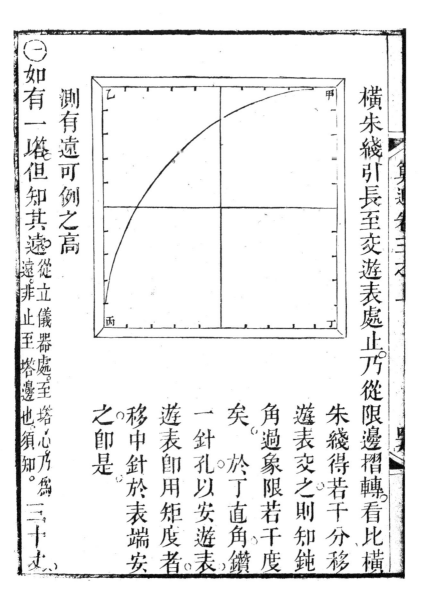

問高若干。

法立儀器定準墜綫以定表看地平遊表看塔尖得兩表之距乙丁弧四十度其正切壬丁八三九零九九六爲二率半徑丙丁十萬爲一率丙辛遠三十丈爲三率求得甲辛高二十五丈一尺七寸三分弱加辛至地爲塔高也

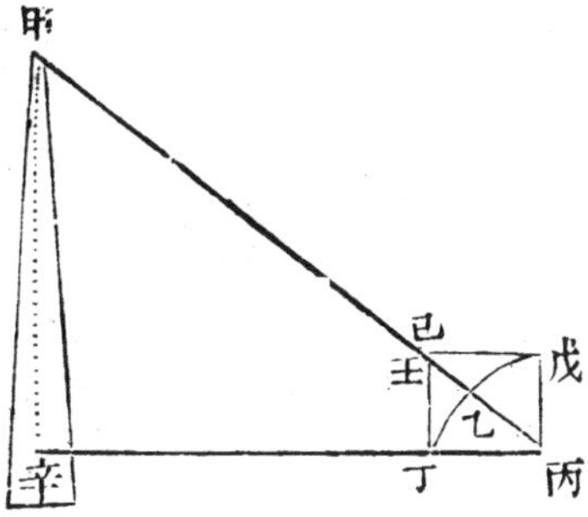

測有高可例之遠

㈡如前塔知高而求遠則反上率反一三爲二四。反二四爲一三。

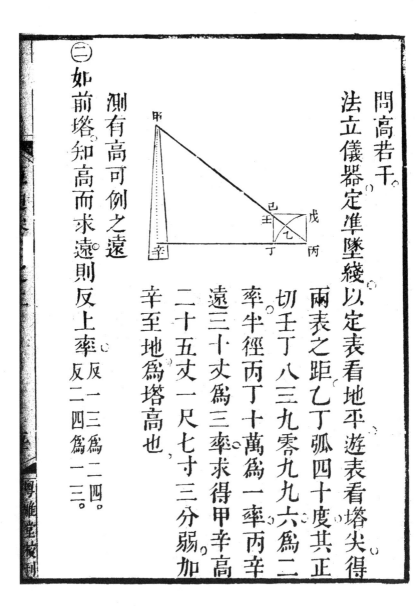

一　壬丁
二　丁丙　改用戊丙半徑己戊餘切
三　甲辛
四　辛丙

又法用臥儀測如有樹欲知其遠用儀器臥乙處以定表對樹脚甲以遊表取乙直角橫量十五丈至丙又於丙臥儀以遊表看甲得戊丁弧六十度以丙丁

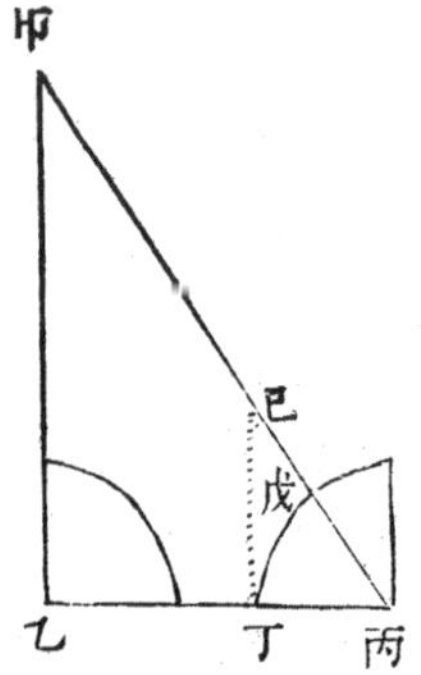

半徑十萬爲一率己丁切綫十七萬三千二百零五爲二率丙乙十五丈爲三率求得四率二十五丈九尺八寸爲樹遠

測無遠可例之高

㊂如甲為山頂。欲知其高。法用重測。先于丙處立儀器。測得丙角五十度。其餘切戊己八萬三千九百一十弱。即甲壬癸之甲角壬癸正切。又退行十丈至丁處。復安儀器。測得丁角四十度。其餘切庚辛十一萬九千一百七十五强。即甲子癸之甲角子癸正切。二數相減。餘子壬三萬五千二百六十五。為一率。半徑十萬。即甲癸。為二率。丙丁十丈為三率。求得四率。甲乙二十八丈三尺五寸。為山高。

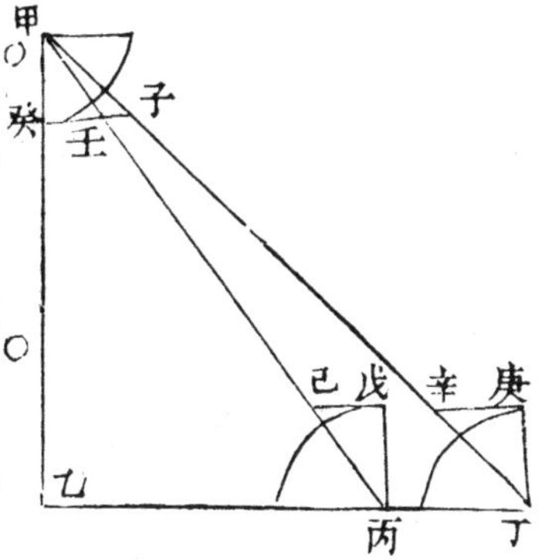

㊃如甲爲山高。重測不得退步。爰取乙丙左右兩處橫量一百丈。先求甲乙或甲丙之斜距。乃測之問山高。

法于平地乙處。欹安儀器。斜對山頂甲處。隨定表橫

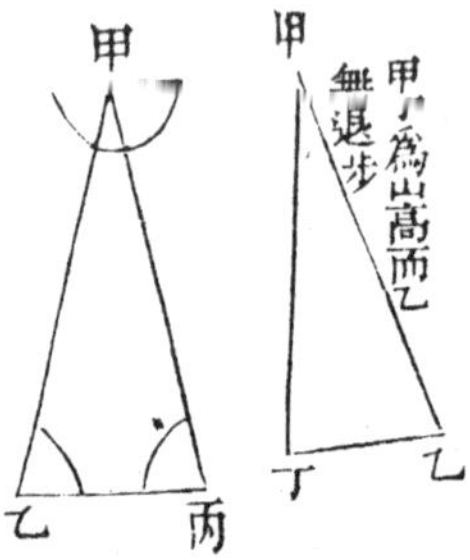

量一百丈至丙。復欹安儀器斜對甲頂。得乙角八十六度五十三分。丙角七十八度零七分。乃以兩角度相併。與一百八十度相減。餘一十五度。爲甲角度。其正弦二萬五千八百八十二。爲一率。丙角七十八度零七分正弦九萬七千八百五十七。爲二率。橫量一百丈爲三率。求得四率三百七十八丈零九寸。爲甲乙斜距。以之

爲弦。而以山之高甲丁爲股。地平乙丁爲句。仍于乙處改用立儀器定準墜綫。以遊表看山頂得乙角五十一度。是爲有兩角（一乙角。一丁直角。）一邊。乃以丁直角正弦。卽半徑十萬爲一率。乙角五十一度正弦七萬七千七百一十五爲二率。乙甲斜距爲三率。求得四率二百九十三丈八尺三寸。卽山之高也。明此法則兩測處。或橫。（甲乙與甲丙等邊。則乙丙爲橫。蓋距戊等也。）或斜。（甲乙與甲丙不等。則乙丙必斜。以距戊不等也。此丁己戊合地平者。）或高低。（或乙高于丙。或丙高于乙。此不得地平者。）並可以此法先測甲乙斜距。蓋皆有乙角丙角及乙丙一邊也。

㈤如人在山頂丙上。欲測本山之高。但知山下有甲乙二樹甲遠乙近。相距十八丈。問山高若干。

法于山頂丙處立儀器。定準墜綫。以遊表看遠甲樹。得甲丙丁角四十九度。其正切己戊十一萬五千零三十七。又看乙樹。得乙丙丁角三十八度。其正切己庚七萬八千一百二十九。相減餘戊庚三萬六千九百零八。爲一率。丙己半徑十萬爲二率。甲乙兩樹之距十八丈爲三率。求得四率。丙丁四十八丈七尺七寸。爲山高。

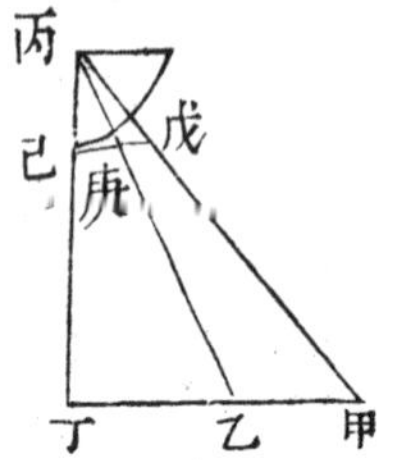

(六)如人在山頂上。欲測本山甲丁之高。但知山上有樓其高乙甲二十一丈。問山高。

法以樓上乙處及樓下甲處各立儀各以遊表指山脚戊處上儀測得乙角五十三度三十分其餘切七三九九六一一下儀測得甲角五十五度二十六分其餘切六八八九九五五相減餘五零八六五六爲一率下儀餘切六八八九九五五爲二率樓高二十一丈爲三率求得四率爲甲乙山高此與上條同理爲圖明之

乙角餘切丙己卽卯未。甲角餘切壬子卽午未相減餘卯午。戊卯未與戊乙丁同式。故以卯午比午未。若乙甲比甲丁也。

測無高可例之遠。

㊆如有石不知遠。於乙丙二處臥儀。與石成銳角形。則合乙丙二角度。與一百八十度相減。餘爲甲角度。照二角一邊求餘邊法。求得丙乙二處去甲石之遠。 成鈍角者同法。

測橫遠

㊇如有甲乙兩樹。不知其距。於丙處臥儀器。甲丙之距五十丈。乙丙之距七十丈。問甲乙樹。距若干。

法以定表對乙樹。遊表看甲樹。取丙角度。則爲有兩邊一角。而角在兩邊之中者。照三角法第七條求

之。

(九)如有甲乙二樹。不知其距。亦不知人離樹若干。問測之之法。

法于丙丁兩處各臥儀器。各以定表相對。遊表看樹。丙器看甲樹。恰得直角壬己九十度。縱非直角亦同法。看乙樹。得戊己三十八度。兩遊表相距。得壬戊五十二度。丁器看甲樹。得辛癸四十五度。看乙樹。得庚癸一百一十度。乃先求甲丙之遠法。以辛癸四十五度。與一象限

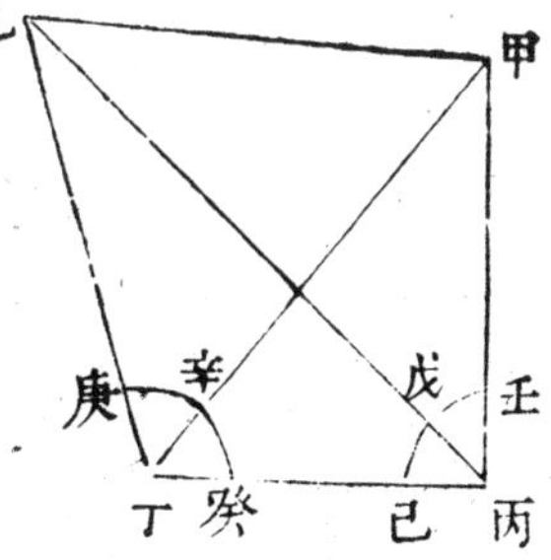

九十度相減。餘四十五度。爲甲角。丁甲兩角既同度。則所對之邊必相等。不用算而知甲丙之與丙丁同

爲十三丈矣次求丙乙之遠以戊己三十八度加庚
癸一百一十度共一百四十八度與兩象限相減餘
三十二度爲乙丙丁鈍角形之乙角度其正弦五萬
二千九百九十二爲一率丙丁距十三丈爲二率以
庚癸一百一十度之外角七十度其正弦九萬三千
九百六十九爲三率求得四率二十三丈零五寸爲
丙乙邊是得二邊甲丙乙丙一角壬戊角可求甲乙邊矣乃
照三角法第七條有二邊一角角在兩邊之中法求
得甲乙之距十八丈二尺也

測深與測高同理但倒立儀器測之即是如知井口
之徑闊則倣第一條測之如不知則倣第六條測之

直綫面

㊀正方形求對角斜綫。

以句股求弦法求之、

㊁正方形倍積求邊。

如邊二尺自乘得積四尺倍之為八尺用開平方法算之得邊二尺八寸二八四有餘、

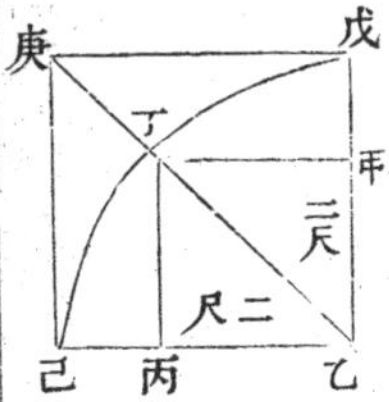

如圖丁乙斜綫。卽乙己蓋皆員之半徑也。自乘方戊乙庚己。必大于甲乙邊綫所自乘方

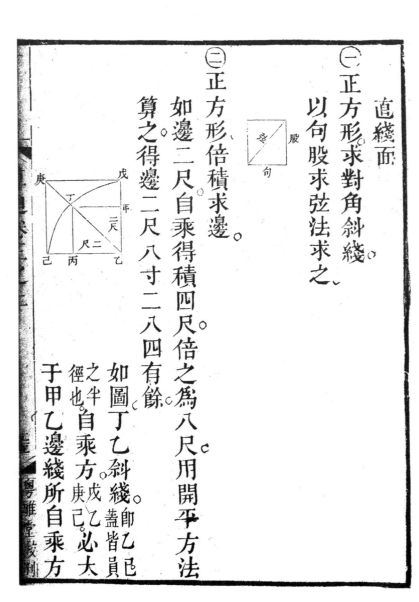

甲乙丙丁一倍。蓋以方容方而知之也。如下圖甲乙自乘方內容句股四。丁乙自乘方內容句股八。故大一倍。

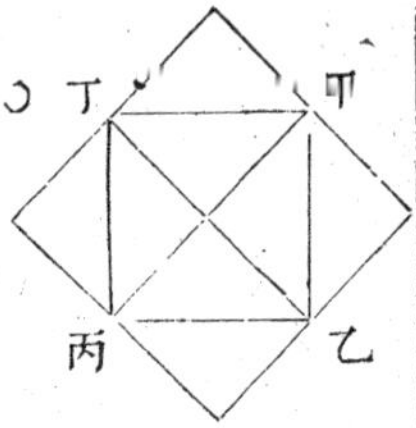

㊂如長方形長十二尺。闊八尺。今將其積倍之。仍與原形同式。問長闊。

法以闊八尺自乘倍之。開方得所求闊。乃以原闊爲一率。原長爲二率。今闊爲三率。求得今長。何則小長方積加倍爲同式大長方積。比小正方積加倍爲大正方積一也。試改長爲十六尺。如下圖。卽無疑矣。

甲乙原長方長十六尺。濶八尺。以乙已闊八尺自乘

得戊己正方倍之。成戊丁正方。猶之倍甲乙長方爲丙丁長方。蓋半與半

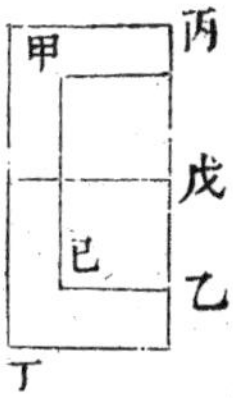

若全與全也。

四正方形邊二尺。積四尺。今四倍其積。問邊。長方形。四倍其積問邊。倣此。

以原邊二尺。倍爲四尺。卽是。此因兩積一四尺。一十六尺。之比例。十六比四。爲四比一。較其兩邊一二尺。一四尺。之比例。四比二爲加倍。爲連比例隔一位相加之比例。十六與八。八與四。四與二。加倍連比例也。大邊比小邊。既爲加倍。則大積比小積。亦當倍四爲八。乃隔四一位。而倍加至十六。以比四。故爲連比例隔一位相加之比例也。則兩邊之比例。固加倍之比例耳。故倍二爲四卽是。

如圖。甲乙丙丁小方。每邊二尺。其積四尺。四倍之則為庚甲戊己大方積十六尺。其大方庚甲邊。乃小方甲丁邊之倍也。

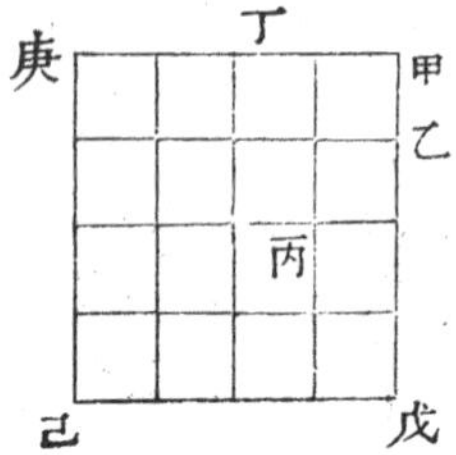

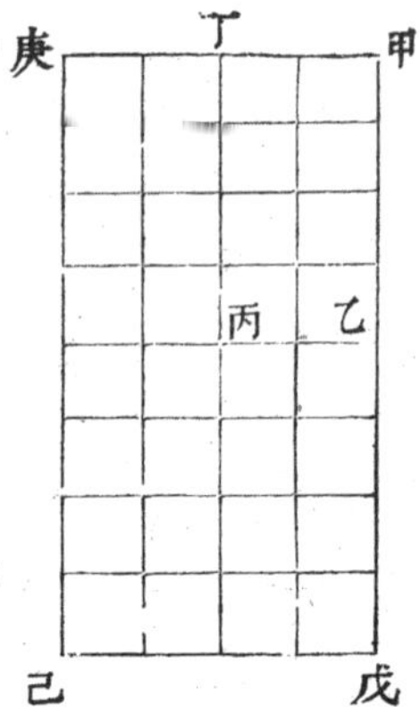

長方可推。

㊄三角形以積求中垂綫。 倍積。以底除之卽得。

㊅斜形求積。

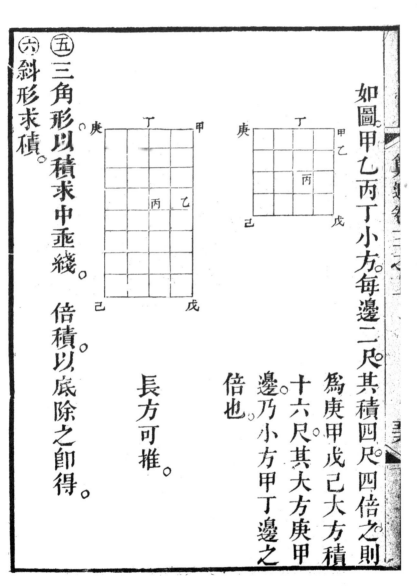

作甲乙斜綫分兩句股算之。

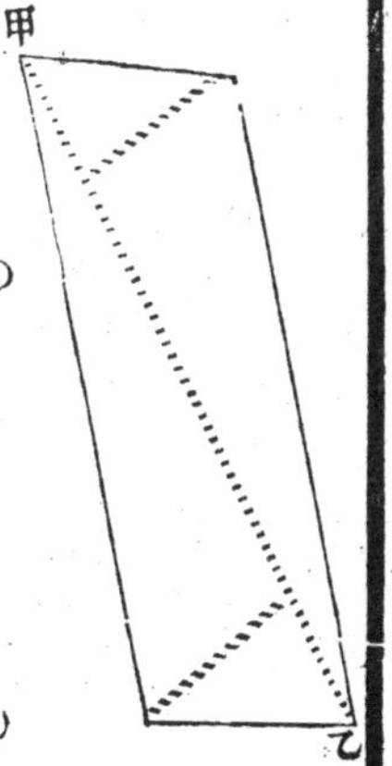

（七）梯形求積。併上下闊。折半乘長。

（八）三角截長。以底爲一率。中長綫爲二率。今闊爲三率。求得截長。

（九）梯田截闊。一率原長。二率上下闊減餘。三率今長。四率加上闊得截闊。如三率爲今下長。則四率減下闊。

（十）梯積有下闊中長問上闊。法倍積以中長除之。得上下闊之和。減下闊得上闊。

（十一）梯積有中長上下闊較。求上下闊。如上法除得兩闊之和。加較。折半。得下闊。

（十二）方環形有內外周求積。以內外周各自乘相減餘。以十六除之得積蓋方形徑一圍四。以圍自乘比徑自乘爲十六與一。故以十六除之。

（十三）方環形積。求內外兩邊之距法。併內外周折半以除積得之。

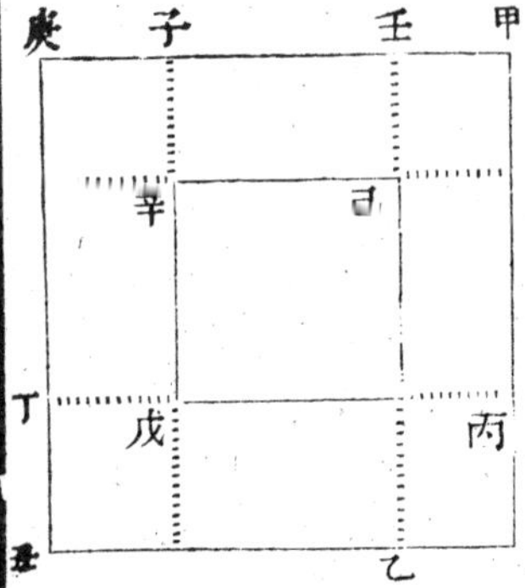

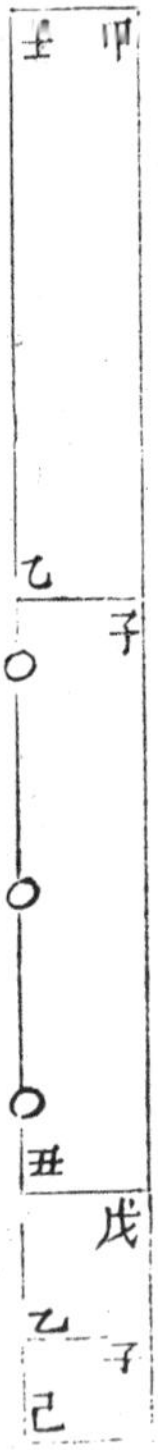

如圖甲乙子丑爲外周與闊相乘之二長方。子己乙戊爲內周與闊相乘之二長方。合之成甲壬戊癸一長方形。其長即內外周併折之數。其闊即內外周之

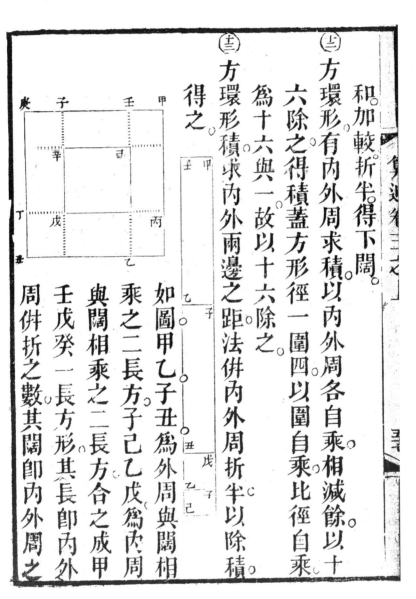

距也。又法。以內外周。俱四歸之。得數。外周得甲庚。內周得己辛。以二數相減。餘甲壬子庚。折半。得甲壬。卽是

（十四）方環積與闊求內外邊法。以闊自乘。得甲己方。四因之。得四角方。於原積內減之。餘壬辛等四長方。四歸之。得壬辛一長方。以闊除之。得己辛。卽內邊也。以加兩闊。爲外邊。借上圖。又法。以闊除積。四歸之。加闊。卽外邊。減闊。卽內邊。觀下圖可明。

子丑寅卯四長方。四歸而得其一。

（十五）如句股形。股四十尺。句二十尺。今欲從上段截積一百一十二尺五十寸。問截長闊各若干。三角形同。法以股

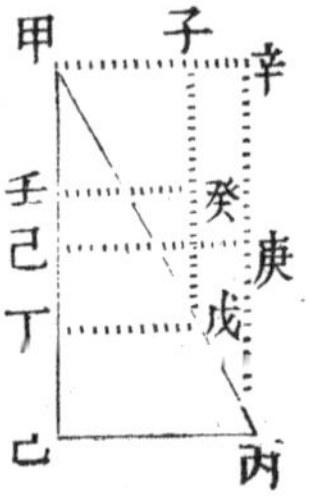

乘句為一率。大長方辛乙。倍截積為二率。小長方子丁。句自乘為三率。大正方庚乙。求得四率。小正方癸丁。開方得闊十五尺。丁戊。復以句為一率。股為二率。今闊為三率。求得長。二十尺。此即上第三條以大長方比小長方若大正方比小正方也。一法首率止用股。三率止用句。又二率三率互易。為一率股。二率句。三率倍積。其理一也。蓋甲乙股與乙丙句之比。應同於甲丁截長與丁戊截闊之比。而不知甲丁。故將截積倍之。為甲丁乘丁戊之長方。以與丁戊自乘之正方比。以凡二平行綫內所有方面相比。即同於其底之相比。如下圖甲

丁戊丙爲二平行綫所有甲乙正方面積九丙丁乙長方面積六爲三分比二分卽同甲乙正方之邊戊

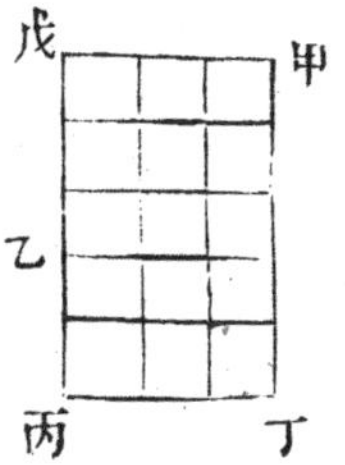

乙三比丁乙長方之邊乙丙二也又甲丙長方面積十五比甲乙正方面積九爲五之三卽同於甲丙長方之邊戊丙五比甲乙正方之邊戊乙三也此爲以綫比綫若面比面也　又解曰以一率甲乙四十丈除二率乙丙二十丈見每丈得五尺爲法則以甲乙四十丈乘五尺必縮爲己乙二十丈矣邊與邊之比若積與積之比則以三率甲乙丙辛長方乘五尺必縮爲己乙丙庚正方每邊二十丈可知也又以甲丁三十

丈乘五尺必縮爲壬丁十五丈以甲丁戊子長方乘五尺必縮爲壬丁戊癸正方每邊各十五丈亦可知也。

（十八）前形若欲從下段截積一百七十五尺亦如上法一率股二率句三率倍積求得四率一百七十五尺（乃上下兩闊闊之較已丙卽壬乙乘兩闊闊之和乙辛所成長方）乃以句自乘得四百尺二數相減餘二百二十五尺開方得一十五尺卽爲截闊。得闊而截長可知。

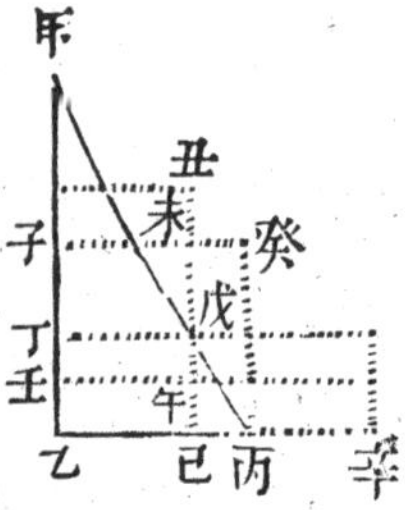

如圖丁辛長方倍積也壬辛長方兩闊之較已丙移爲壬乙乘兩闊之和乙辛（丙辛卽丁戊上闊也）所成也子

丙乙丙句自乘方也。丙減壬辛長方。餘未壬即丑丁正方。辛壬長方。移乙午爲午癸而減之。故餘此。開方得丁戊爲上闊此亦以綫比綫。若以面比面。蓋甲乙股與乙丙句之比。應同於戊己與己丙之比。而不知戊己故倍截積爲丁辛長方。以比得壬辛長方。此兩長方乃丁乙庚辛二平行綫所有。故其積之相比。即如其邊庚辛即戊己。與壬乙即己丙。之比也。而此壬辛長方積。比句自乘子丙方少一未壬即丑丁方。故相減餘未壬方。開方得上闊也。

(七)斜方形長二十四尺。上濶十二尺。下闊二十尺。今從上段截積一百六十八尺。問截長闊。梯形同。法以長爲一率。兩闊相減餘八尺爲二率。倍截積爲三率。求得四率一百十二尺。乃以上闊十二尺自乘相加得二百五十六尺。開方得截闊十六尺。而長可知。

丁戊與戊丙之比。應同丁辛與辛庚之比。而不知丁辛。故倍截積爲壬己長方。以比得己丑長方。移庚丑爲丁庚成磬折形。而加上濶甲丁自乘之甲辛正方。成寅子正方。開方得甲寅。卽己庚爲截闊也。

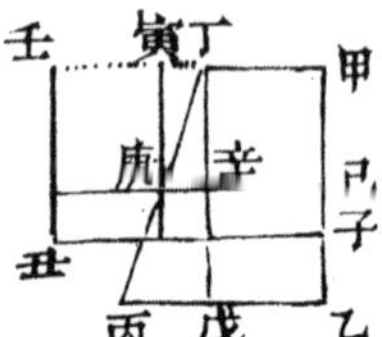

一法。將斜方形增作句股形算之。

前形加從下段截二百一十六尺。亦如上法求得四率一百四十四尺。乃以下闊二十尺自乘得四百尺與

之相減。餘開方。得截闊十六尺。如圖。丁戊比戊丙。應同子午比午丙。而不知子午。故倍截積。爲辰亥方。以

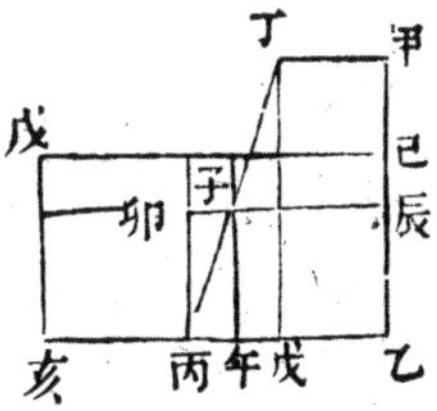

比得辰戊方。移戊卯爲子丙。成磬折形。於下闊乙丙自乘。己丙方。內減之餘。辰午方。開之。得辰子。爲截闊也。

(十九)如梯田。欲從一邊截句股積。

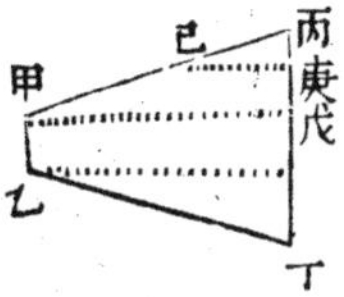

法以甲乙丙丁兩闊相減餘。折半得丙戊。如股。甲戊長爲句。成丙戊甲句股形。欲截丙庚己照上第十五條算之。

(二十)如梯田長一百二十尺。上闊四十尺。下闊八十尺。今自

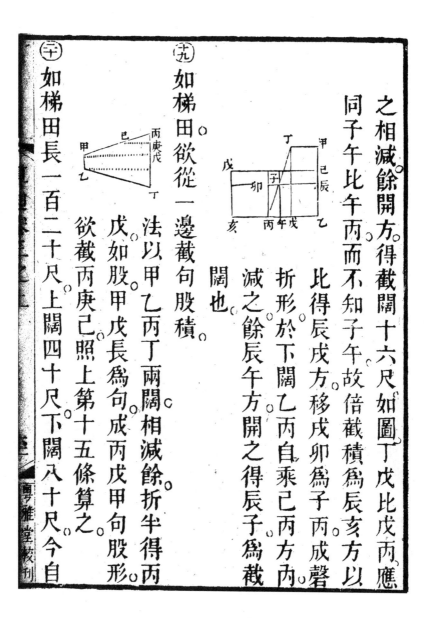

一邊截斜方形積四千二百尺。問截上下闊各若干。法以甲乙丙丁梯形上闊甲丁與下闊乙丙相減餘折半得乙戊

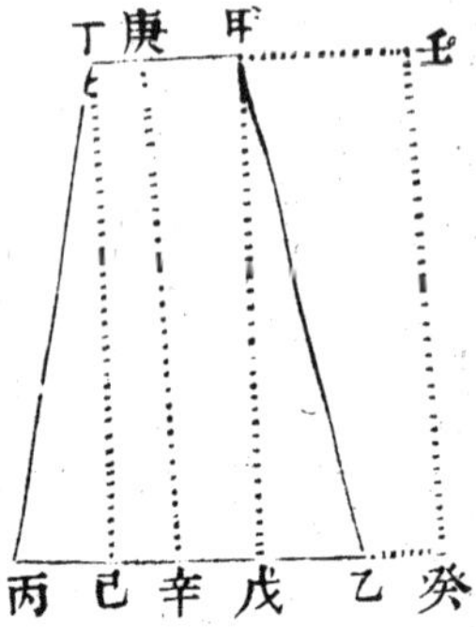

爲所截斜方上闊甲庚下闊乙辛之較。將欲截甲乙辛庚斜方積倍爲壬辛長方。以庚辛長除之得癸辛闊。乃甲庚上闊即癸乙。與乙辛下闊之和減較乙戊餘折半得戊辛。即甲庚爲所截上闊也。

(十一)如甲乙丙三角形小腰二十丈。大腰三十四丈。底邊四十二丈。面積三百三十六丈。今欲截積一半。其形丁戊丙與原形同式。問所截三邊。問截幾分之幾者可推。法以

原積爲一率。截積爲二率。底邊自乘爲三率。求出四率。開方得今截底邊。若以腰自乘爲三率。則求出四率。開方得今截腰邊也。此爲大三角積之比小三角積。若大正方積之比小正方積也。

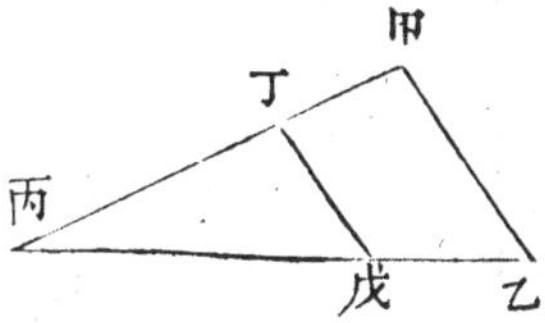

截法。以乙丙自乘折半開方得戊丙。又法。以原積爲十分。截積爲五分。法爲十分之比原邊自乘若五分之比截邊自乘也。此法可省除。

（廿二）如大小兩正方共積四百一十尺。其大方邊比小方邊多六尺。問各邊。

法倍積得八百二十尺。原積甲乙大方一。子甲丑小方一。倍之又得丙丁大方一。寅卯小方一。內兩大方以一角相重疊。甲乙大方之乙角與丙丁大方之丙角相重疊成丙寅乙丑一小方。此重疊之小方。即兩方邊之較六尺自乘所成者。於是以較六尺自乘得三十六尺。於倍積內減之。則無重疊之處。可開方得甲子邊二十八尺。爲兩方之和。

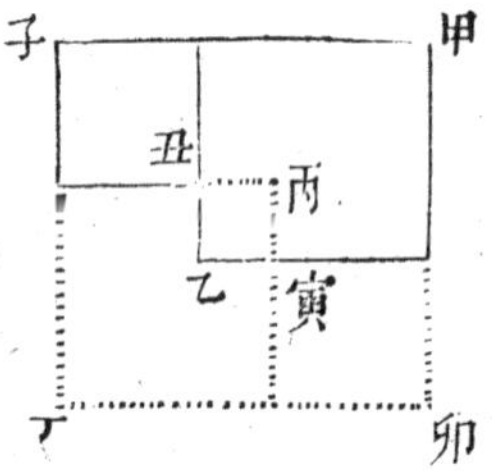

加較折半。得大方邊十七尺。而小方可知。

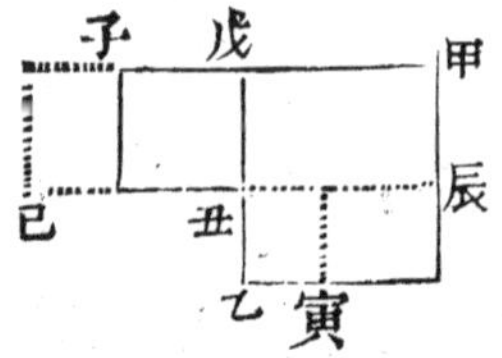

又法以較六尺。自乘得丑寅方。與共積甲乙子丑二方相減。餘子辰。及辰寅。而移辰寅爲子己。成甲己一長方。折半得戊己一百八十七尺。以較六尺爲縱方用帶縱較數開方法算之。

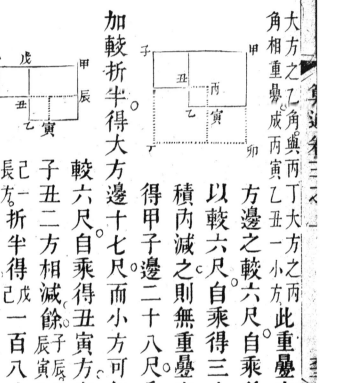

（廿三）如上條云。兩邊相和。則以相和甲子自乘。得甲子方。與倍積相減。餘丙己方。開方得較。又法以和自乘內減共積。餘折半以和爲長闊和。用帶縱和數開方法算之。正法觀上條首圖可明。又法則如下圖

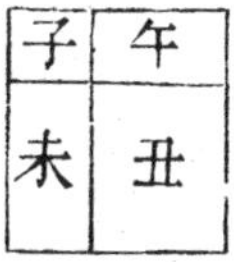

此和自乘方也。內減丑大方子小方。餘午未折半得午。其長則大方邊闊則小方邊也。

（廿四）如云大邊多小邊六尺。大積多小積一百六十八尺。則以六尺除一百六十八尺。得二十八尺。爲兩方邊之和。如圖甲乙大方子丑小方丑丙邊較六尺。子戊合丑乙成磬折形。乃大

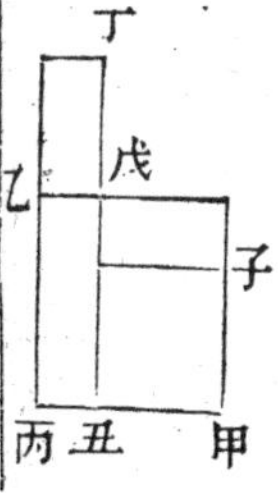

積多於小積之一百六十八尺。移子戊爲丁乙。成丁丙長方。其長則兩方之和。其闊則兩方之較也。

(廿五)若云兩邊相和二十八尺。大積比小積多一百六十八尺。則以和除多積。得較。如上圖。爲以丑丁除得丑丙也。

(廿六)如大方邊比中方邊多三尺。中方邊比小方邊亦多三尺。三方共積三百八十一尺。問各邊。 法以較三尺自乘得九尺。倍之得十八尺。於共積内減之餘三百六十三尺。三歸之得中方積一百二十一尺。開方得中方邊十一尺。減三尺得小方。加三尺得大方。試翦紙作三方形相疊。如圖甲乙小方。甲丙中方。甲丁大方。丙丁較三尺。自乘方。倍之爲戊壬。於共積內減去。將丙己翦下。移補小方之庚丙。又將辛戊翦下。移補小方之辛乙。則戊三个中方相壘。故三歸而開之。

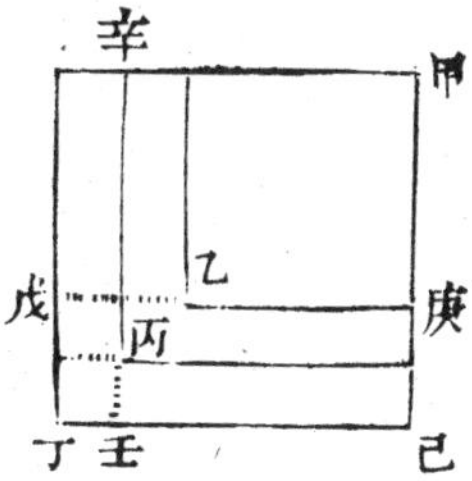

一法。以二較相加。得六尺。爲大小方邊之較。自乘得三十六尺。爲下圖丁辰方。又以中小之較三尺自乘得九尺。爲下圖辛申方。俱于共積內減去。餘三百三十六尺。爲下圖辰乙。申己癸丑三小方。辰甲辰丙申戊。申庚四長方之共積。引長之。爲下圖之壬乾長方。三因之。爲下圖之艮乾長方。以大小方邊較六尺倍

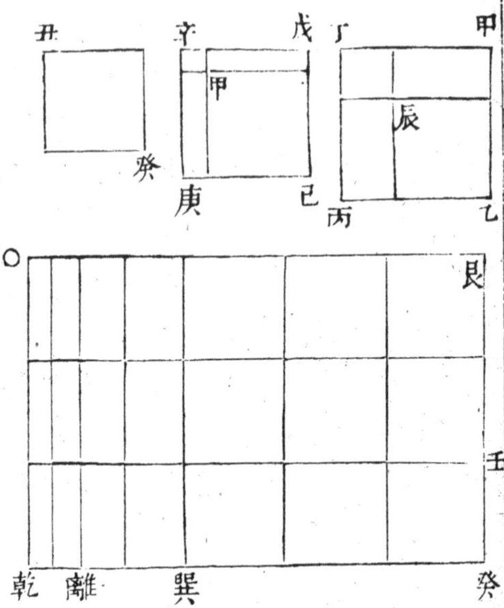

之得十二尺爲下圖之巽離。以中小較三尺倍之得六尺。爲下圖之離乾。合之共十八尺。爲縱方。用帶縱較數開方法算之。得下圖之艮巽方邊。艮癸三歸之。爲小方邊壬癸也。

(廿七)如三角形積三百八十四尺。乙丙底邊三十二尺。今自甲角將原積平分爲二。問各得底邊若干。曰折半卽是。蓋乙丙折半於丁。作甲丁綫。分三角爲兩。一甲

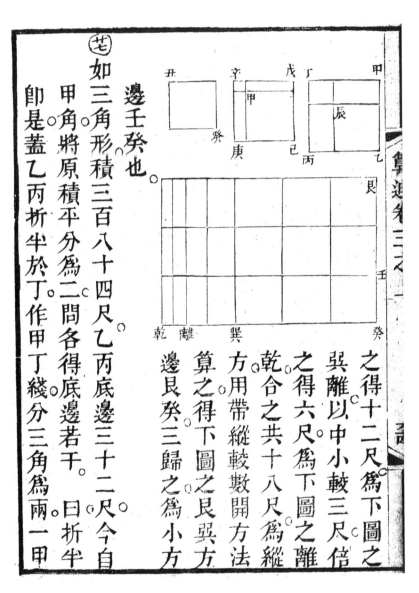

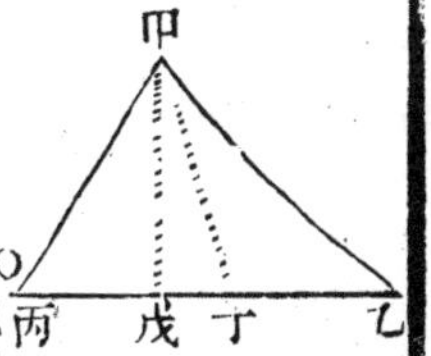

丁丙。一甲丁乙。同以甲戊垂綫爲高。高同底則積必相等也。詳三角舉要三卷第五頁

如分三分四分者倣此類推。

（廿八）如四邊形。無直角。甲乙邊八丈。丙丁邊十二丈。此兩邊平行。面積一百六十丈。今將原積分爲四分。問每分截邊若干。法併八與十二得二十丈。四歸之得五丈。卽每分所截邊也。

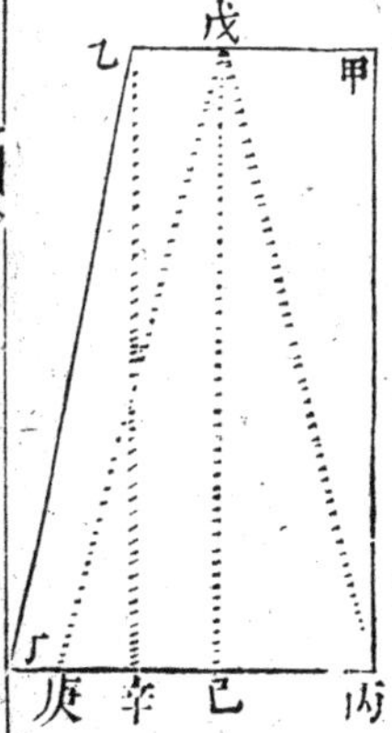

如圖。自甲量至戊五丈。爲甲丙戊句股形。得一分。又自丙量至己五丈。爲戊己丙句股形。得一分。又自己量至庚五丈。爲戊己庚句股形。得

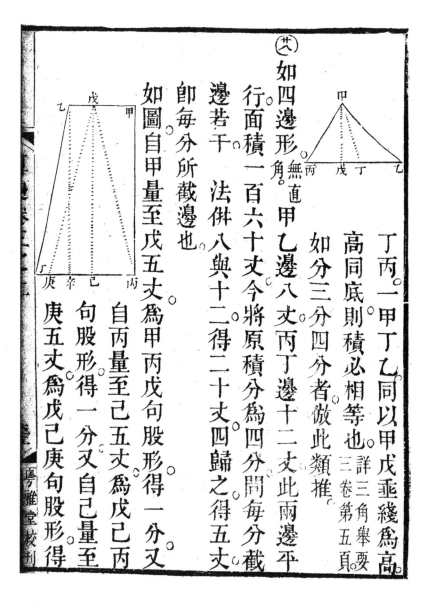

一分。又自庚量至丁二丈。自戊量至乙三丈。合之亦五丈。爲戊庚丁乙斜方形。得一分。此三句股一斜方並以乙辛垂綫爲高。其底之折半又等。句股形底五丈。折半得二丈五尺。以乘高。斜方形。亦併上三下二。折半得二丈五尺。以乘高一也。故積等也。

（廿九）如五邊形。積一十九丈九十八尺。甲乙邊二丈五尺。乙丙邊三丈九尺。丙丁邊六丈丁戊邊一丈五尺。甲戊邊四丈一尺。甲丙斜綫五丈六尺。甲丁斜綫五丈二尺。今自甲角將面積平分爲三分。問截各邊若干。

法三歸面積。得每分六丈六十六尺。乃算甲乙丙三角形。得積四丈二十尺。尚少二丈四十六尺。因截甲己丙以益之。截法算得甲丙丁三角積一十三丈四

十四尺爲一率。應補之二丈四十六尺爲二率。丙丁底爲三率。求得四率丙已。卽應截第一分之邊也。又

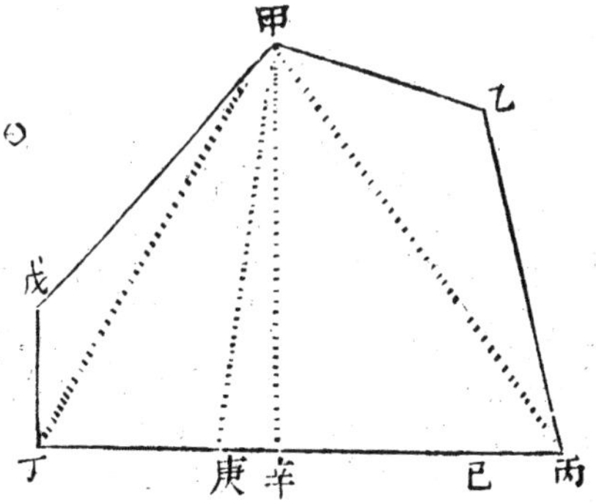

以甲丙丁三角積十三丈四、十四尺爲一率。第二分積六丈六十六尺爲二率。丙丁底爲三率。求得已庚。卽應截第二分之邊也。蓋兩形同高甲辛者。其兩積之比例同於兩邊之比例。已見上第十五條。彼條言平行綫。卽此條之言同高也。不論方形三角形一也。

算迪卷三

譚瑩玉生覆校